好习惯成就女孩一生

连 山 编著

中华工商联合出版社

图书在版编目（CIP）数据

好习惯成就女孩一生 / 连山编著 . -- 北京 : 中华
工商联合出版社 , 2018.3（2021.6 重印）
ISBN 978-7-5158-2227-3

Ⅰ . ①好… Ⅱ . ①连… Ⅲ . ①女性－习惯性－能力培
养－青少年读物 Ⅳ . ① B842.6-49

中国版本图书馆 CIP 数据核字（2018）第 040993 号

好习惯成就女孩一生

编　　著：连　山
责任编辑：李　瑛　袁一鸣
装帧设计：北京东方视点数据技术有限公司
责任审读：李　征
责任印制：迈致红
出版发行：中华工商联合出版社有限责任公司
印　　刷：唐山富达印务有限公司
版　　次：2018 年 7 月第 1 版
印　　次：2021 年 6 月第 2 次印刷
开　　本：710mm×1020mm　1/16
字　　数：220 千字
印　　张：16
书　　号：ISBN 978-7-5158-2227-3
定　　价：78.00 元

服务热线：010-58301130
销售热线：010-58302813
地址邮编：北京市西城区西环广场 A 座
　　　　　19-20 层，100044
http://www.chgslcbs.cn
E-mail: cicap1202@sina.com（营销中心）
E-mail: gslzbs@sina.com（总编室）

前　言

　　女孩总希望自己更美丽、活得更快乐、能取得更大的成就，希望自己比别人更幸福、更美满，而要实现这些愿望，条件是多方面的，其中养成良好的习惯，则是必不可少的成功要素之一。

　　美国励志大师奥格·曼狄诺说："成功与失败的最大分界，来自不同的习惯，好习惯是开启成功之门的钥匙，坏习惯则是一扇向失败敞开的门。"习惯的力量是巨大的，它经年累月地影响着人们的生活态度、思维方法和行为模式，会在不知不觉中影响人的品德、暴露出人的本性、左右人的成败。一个人若能理解习惯对自己的重大意义，并能驾驭习惯，就能改变自己的生活方式，主宰自己的命运。

　　一个女孩即使没有特别好的天赋，但如果她拥有良好的习惯，就一定能获得巨大收益。这正如古希腊哲学家亚里士多德所说："人的行为总是一再重复。因此，卓越不是单一的举动，而是习惯。"正所谓小习惯成就大未来。成功并不完全取决于是否拥有超人的智慧，貌似不起眼的良好习惯往往能决定胜负。

　　良好的习惯是能帮女孩打开成功大门的钥匙。好习惯决定着女孩在公众心目中的良好形象，是女孩在现代生活的各个领域中获得成功的必要前提，能使女孩更加游刃有余地游走于生活的各个领域。许多杰出的女性，她们的事业有所成就，取得了非凡的业绩。问及原因，无不包括诸如珍惜时间、对人宽容、节俭、自信、乐观等良好习惯。因此，女孩也要注意养成这些良好的习惯，如要告别虚荣，绝不攀比，要培养与众不同的气质；你要有招牌式的美丽笑容，保持适度自信；发现自己的优点，还要给自己适当的奖励；你要学会说"不"，勇敢面对生活中的未知；要有购物计划，控制消费，不奢侈浪费……女孩只有从每一个细节做起，把幸福变成习惯，才能从容书写美丽人生！

另一方面，不良习惯则是女孩人生的绊脚石。每个人在日常生活中都有各种各样的习惯，如果单从表面来看，它是一件小事，不引人注意，但是日积月累，这些不良习惯就会成为失败的导火索。拿破仑·希尔说："习惯能够成就一个人，也能够摧毁一个人。"诸如：自卑、嫉妒、懒散、依赖、小气等等，这些不良习惯不知不觉地依附于人性当中，从而影响了女孩们的思想、情绪和行为，让她们成为失败的座上客，与成功的距离越来越远。

英国诗人德莱顿说："首先我们养出了习惯，随后习惯养出了我们。"习惯，将伴随女孩们的一生，无论学习还是生活，做人或者处世。它以一种无比顽强的姿态干预着女孩生活中的一举一动，从而主宰人生。习惯是人生的终身伴侣，它可以是最好的帮手，也可能成为最大的负担；它可以推着女孩们前进，也可能拖累她们，直到失败。因此，要驾驭人生，首先要认识习惯、驾驭习惯，只有做习惯的主人，才能让好习惯带女孩们走向成功。

为了让女孩们及早养成优良的习惯，更快地接近成功，我们推出了这本书。本书语言流畅、案例生动，它从生活、学习、健康等不同角度出发，详细阐述了设定目标、立即行动、勤奋努力、敢于冒险、合作分享、积极向上、独立自主、热爱学习、勤于思考、惜时如金、自制自律、注重形象、乐于助人、勤俭节约等良好习惯的培养，从而让女孩们掌握养成良好习惯的方法和技巧，积极地开拓进取，自如地排除人生旅途中的各种艰难困苦，赢得幸福美好的人生。

任何一种习惯都不是天生的，都是可以养成的，只要女孩付出耐心，并学习书中切实可行的方法，那么，成功和幸福离你就不远了。

目　录

第一章

设定目标——点亮女孩人生成功的灯塔

有了目标才是一个真正清醒的人

目标选择在我们的人生规划中，是最基础的内容。人有了目标，人生就会变得有意义，我们该做什么、不该做什么、为什么要那样做、为了什么而做、该怎样做，有了目标，一切事情都会显得很透明，有了目标，便有了人生奋斗的方向。目标对于人生有巨大的导向作用，成功在刚开始的时候或许只是源于一种选择，选择了怎样的目标，就会有怎样的人生。为什么很多人没有获得成功？要么是他们没有明确的人生目标，要么就是他们将自己的目标定得过高，没有实现的可能，要么就是没有去积极实现目标。

有一群美国的天之骄子即将从哈佛大学毕业，他们的智力、学历、环境条件都相差无几，并且都对未来充满信心。在临行之际，学校对他们的人生目标进行了一次调查。

25 年的跟踪调查发现，3%的人，25 年来不曾更改过自己的人生目标，他们始终朝着一个方向不懈地努力。25 年后，他们成了社会各界的顶尖人物，他们中不乏白手起家者、行业领袖、社会精英。

10%的人生活在社会的中上层。他们的共同特点是，那些短期目标不断达成，生活质量稳步上升。他们成为各行各业不可缺少的专业人才，如医生、律师、工程师、高级主管，等等。

87％的人生活在社会的中下层。他们的生活都过得很不如意，常常失业，靠社会救济，并且常常在抱怨他人、抱怨社会。

西班牙哲学家塞涅卡说："有些人活着没有任何目标，他们在世间，就像河中的水草，他们不是行走，而是随波逐流。"

如果女孩没有目标，就犹如生活在睡梦中，浑浑噩噩、茫然度日；而有了目标才是一个真正清醒的人，才知道自己活着为了什么，未来才充满幸福。

一个在生命中没有目标的人，很容易受到一些微不足道的诸如忧虑、恐惧、烦恼和自怜等情绪的困扰。所有这些情绪都是软弱的表现，都将导致无法回避的过错、失败、不幸和失落。在现在的社会中，软弱者是不可能保护自己的。

女孩们应该在心中树立一个目标，把这一目标作为自己思想的中心。一个目标可能是一种精神理想，也可能是一种世俗的追求，这取决于她的本性。但无论是哪一种目标，她都应将自己思想的力量全部集中于为自己设定的目标上面。她应把自己的目标当作至高无上的任务，全身心地为实现它而奋斗，不允许她的思想因为一些短暂的幻想、渴望和想象而迷路。

美国成功学大师拿破仑·希尔研究总结了数百位世界级成功人物的成功经验后，提炼出了17条成功原则，其中之一就是：要成功，必须有明确的目标。

也许女孩们以前不知道自己每天忙忙碌碌地学习是为了什么，也许不清楚将来自己会成为一个怎样的人，那么从现在开始，你就必须结束这种不清醒的状态，为自己制定一个明确的目标，只有这样才不会让你的行动像一盘散沙，四处碰壁，迷失方向。

女孩们处在最美好的人生起步阶段，如果第一步走得好，以后的路就可以顺畅很多；反之，有可能一蹶不振，轻者也得浪费时间走弯路。

所以，每个女孩都应该努力根据自己的特长来规划自己、量力而行。根据自己的环境、条件、才能、素质、兴趣等，确定努力方向。不要埋怨环境与条件，应努力寻找有利条件；不能坐等机会，要自己创造机会；拿出成果来，获得社会的承认。要想当一名杰出的女性，就一定要重视目标的价值，赢在人生的起跑线上。

用正确的目标打开理想之门

目标可以决定人生的成败，但并不是说，有了目标就一定能够成功。如果女孩们选择了错误的目标，就会南辕北辙，甚至误导自己，走向歧途。

李斯年轻的时候，在楚国的郡府中做文法小吏，怀才不遇。他一个人住在郡吏的宿舍里，上厕所时常常看见老鼠偷吃粪便中的残物，每当有人或是狗走近，老鼠们惊恐不安，纷纷逃窜，他就觉得可怜，更觉得悲哀。有一天，他有事去政府的粮仓，看见仓中的老鼠个个肥大，住在屋檐之下，饱食终日，也不受人和狗的惊扰，悠游自在，与厕所中的老鼠有着天壤之别。李斯是聪慧敏感的人，就在这一瞬间，他受到了极大的震撼，忍不住高声感叹道："人之贤明与不肖，如同鼠在仓中与厕中，取决于置身不同的地位而已。"

他当即确立目标，追求富贵，不择手段，最终在政治斗争中失败而被赵高腰斩。在去刑场的路上，李斯含着热泪对他的儿子感叹道："我再想和你在上蔡东门牵黄犬逐狡兔还能得到吗？"

"咸阳市中叹黄犬，何如月下倾金罍？"一旦目标错误，最终的结果往往是碌碌一生，甚至连身家性命都不保。

那么，如何才能真正成功呢？答案只有一个，就是始终走在正确的道路上。

你知道石匠是怎么敲开一块大石头的吗？他所拥有的工具只不过是一

个小铁锤和一个小凿子，可是这块大石头却很硬。

他先对石头仔细端详一番，最后决定在他认为石质最软的地方凿下了第一锤，但是没有敲下一块碎片，甚至连一丝凿痕都没有。接着他又仔细地观察了石头，决定仍然在原来的地方下锤，就这样他一下一下地敲，一百下、二百下、三百下，大石头上依然没出现任何裂痕。可是石匠没有懈怠，继续举起锤子重重地敲下去，路过的人看他如此卖力不见成效却还继续硬干，不免窃窃私语，甚至有些人还笑他傻。石匠并未理会，他知道虽然自己所做的还没看到成效，不过那并非表示没有进展。不知道是敲到第五百下还是第七百下，或者是第一千下，终于看到了成效，那不是只敲下一块碎片，而是整块大石头一下裂成了两瓣。

坚持目标的心就犹如那把小铁锤，而那个落锤点就是目标。目标可以吸引你的注意，引导你努力的方向，如果你能够始终走在正确的道路上，并持之以恒，就一定能看到胜利的曙光。那么，女孩们要如何制定一个正确可行的目标呢？

第一，让你的目标与正确的价值观相吻合。许多人之所以走偏了路，归根结底就是没有弄清楚目标的正确含义。所以在制定目标的时候，先要知道自己最重要的人生价值在哪里，不要把自己崇高的人生目标定位在世俗的金钱、权力上，而应从更高的精神追求出发，去实现自己的理想，规划自己的未来。如果女孩仍然感到迷惑，那么就请你回顾一下历史，环顾一下你的周围，看看你能从那些曾经名垂史册、为国家人民鞠躬尽瘁的伟人或者正活跃在各行各业的杰出人物的身上学习到什么。

第二，你的目标应该是明确的。有些人也有自己奋斗的目标，但是他的目标是模糊的、泛泛的、不具体的，因而也是难以把握的，这样的目标同没有差不多。

比如，一个女孩在青少年时期确定了要做一个艺术家的目标，这样的目标就不是很明确。因为艺术的门类很多，究竟要做哪一个学科的艺术家，确定目标的人并不是很清楚，因而也就难以把握。目标不明确，行动起来也就有很大的盲目性，从而浪费时间和耽误前程。

生活中有不少女孩，有些甚至是相当出色的女孩，就是由于确立的目标不明确、不具体而最终一事无成。

第三，目标应该是专一的。确定的目标要专一，而不能经常变换。确立目标之前需要做深入细致地思考，要权衡各种利弊，考虑各种内外因素，从众多可供选择的目标中确立一个。女孩在某一个时期一般只能确立一个主要目标，目标过多会使人无所适从，应接不暇，忙于应付。生活中有一些女孩之所以没有什么成就，原因之一就是经常确立目标，经常变换目标，所谓"常立志"者就是这样。

第四，目标应该是实际的。一个女孩确立奋斗的目标时，一定要根据自己的实际情况来定，要能够发挥自己的长处。如果目标不切实际，与自己的条件相去甚远，那就很可能达不到。为一个不可能达到的目标花费精力，同浪费生命没有什么两样。

第五，目标应该是富有挑战性的。一个真正的目标必定充满挑战性，正因为它具有挑战性，又是由你自己所选择的，所以你一定会积极地完成它。

当女孩列出自己想成为的人、想做的事及想拥有的东西，又在每一项中圈出你认为最重要、最具挑战性的事情后，再尝试找找其他重要的答案。你可能会需要用不同颜色的笔在每一项中标示出两三件对你而言重要的事情。

最后，对准你的目标，毫不动摇，全力以赴。只有这样才能逐渐扩大自己成功的可能性，甚至会成就一番意想不到的事业。

制订一张"人生目标计划单"

目标是什么？如果你在大海里航行，它就是指引航向的灯塔；如果你在黑夜里跋涉，它就是你心中那束温暖的阳光。有明确的目标在，女孩才不会彷徨、踌躇,才不会上演南辕北辙的悲剧。

古人说:"千里之行,始于足下。"为了实现最终的目标,女孩们还要有将大目标分割成许许多多相互之间有关联的小目标的能力。这一点,我们可以从跆拳道的升级方法中得到启示。

跆拳道将整个拳法、腿法从易到难分成白、黄、绿、蓝、棕、红、黑等七段,而每一段里又有不同的分段。初学者从最简单的白段学起,当通过该段的考试后,就可以升段。因为每个分阶段的目标都比较容易达到,学员们就容易坚持学下去。因此在美国等西方国家,跆拳道能够进入主流社会并广受欢迎,成为大人小孩都喜欢的一种运动。俗话说:"一口吃不成胖子。"任何一个目标都是无法一步达成的,如果分解成小的目标,行动起来就会更有动力和行动方向,同时当达到这些小目标的时候,也会进一步增强自信心。当一个个小目标实现了,实现大目标就比较容易了。

假如女孩对实现理想的道路感到没有自信,不妨把它分解成一个一个的小目标,并从现在开始为之迈出第一步。通往理想的道路虽然很长,但是如果你将理想分解落实成几个阶段,那么理想对你而言就不再是天方夜谭了。你可以制订一份"人生目标计划单",在上面写下你的长期目标、中期目标和短期目标,然后将目标具体到每一天,这样就可以让看似难以达成的目标具体成为一个个行动。

首先,长期目标需高远。高尔基曾经说过:"一个人追求的目标越高,他的才能就发展得越快,对社会就越有益。"如果你的长期目标只是建立在现实可能性的基础上,而不是出于对未来的憧憬,那么,你的目标就是短浅的,与其说是谨慎不如说是害怕失败。其实,你的潜能远在你的想象力之外。"心有多大,世界就有多大",你的眼界越宽广,你的潜能就会得到更大的发挥。正如高尔基所言:"目标愈高远,人的进步愈大。"也许你的目标永远也不会实现,但是,一个高远的目标可以激励你,使你焕发出更多、更高的能量,可以促使你到达梦寐以求的高度。

其次,中期目标要合理。中期目标从时间上来说一般为3~5年,它相对长期目标要具体一些。制订中期目标的目的是为了更好地逐步实现长期目标,因此,中期目标通常是要与长期目标保持一致的。与长期目标不同的是,中期目标应该是现实合理的,是在三五年内就可以实现的,也就是说,在制订中期目标的时候,女孩们要考虑现实因素,做到具体可行。中期目标一定不能太笼统,否则就像空中楼阁一样,看似绚丽,却无法触摸。因此目标必须具体。比如你想学好某一门外语,那么你就制订一个具体的目标,每天背 30 个单词,写一篇外语日记,看一份外文报纸,听一个外文节目。由于你定的目标很具体,并能按部就班地去做,目标就容易达成。

最后,短期目标要具体。短期目标必须清楚、明确、现实、可行,而不是幻想,短期目标对我们来说必须是有意义的,同时能与自我价值和长期目标一致。短期目标通常是指时间在 1~2 年内的目标,是中期目标和长期目标的具体化、现实化和可操作化,是最清楚的目标。

此外,为了确保短期目标的实现,女孩们还应该将目标细化到每一天。时常问问自己:现在在人生之中算是一个什么样的时期,是不是符合发展目标;每天都在做什么,得到的是不是现在最想要的或是最应该得到的;明天应该做什么,下一步应该做什么,要为达到目标准备些什么……

在追求目标的道路上:不抛弃,不放弃

在追求目标的过程中,为什么有的人放弃了,而有的人却成功了呢?

在 20 世纪 70 年代,拳王阿里与另一位拳坛猛将弗雷泽的一场比赛中,比赛进行到第 14 个回合,阿里已经精疲力竭,濒临崩溃,这时候,如果一片羽毛落在他的身上也能让他轰然倒地。但阿里竭力坚持着,保持坚毅的表情和誓不低头的气势。最后,弗雷泽放弃了。当裁判宣布阿里获胜后,他才眼前一黑,双腿无力地跪倒在地。弗雷泽看着倒地的阿里后悔不已。

面对同一个目标，不抛弃、不放弃的信念让阿里保住了拳王的称号，而放弃让弗雷泽遗憾终生，与拳王之梦失之交臂。选择放弃，就是选择失败；选择坚持，就会赢得成功。

如果女孩有了目标之后，坚持而不放弃，那么你将拥有完全不一样的人生。有的人实现了自己的目标，有了美好的生活；有的人则仍然在为生计奔波。要成为前一种人，女孩现在就要坚持，不管遇到的是困难挫折还是诱惑，都要学会时时地激励自己，向着目标前行不动摇。女孩可以采取下面的方法。

1. 把目标写出来贴在显眼的地方

为了不轻易放弃目标，一定要把它写出来。如果再把它贴在显眼的地方，将会更加有效。只是认为"目标已经在我脑子里了"是不行的。如果不写下来，过一段时间，目标就会在不知不觉间被淡忘。

如果你想上某个大学的某个专业，你可以写"我是××大学××专业的学生××"，把字写得大大的，然后贴在书桌前。这会激励你向着自己的目标持续不断地做出具体的努力，即便累了、倦了，也不会轻言放弃。把你的目标贴在小册子上、笔记本上、书桌前或者卫生间的镜子上等显眼的地方，开始的时候你可能会觉得不好意思，但这会让你更加坚定执着地朝着既定的目标前进。

2. 定期检查目标的实施

仅仅把目标写下来是不够的，还要随时检查一下自己的目标。购物的时候，即便你事先写好了购物单，如果不随时拿出来确认，也经常会忘记购买自己该买的东西。因为你在商场转的时候，会被其他东西或广告吸引住眼球，而随时掏出购物单来看一看就不会发生这种事情了。倘若女孩十分热切地希望实现目标，就应该把目标记下来以便随时检查。可以把每天必须要做的重要事情记在小本子上，也可以记在手机里。

3. 实现目标时给自己一些称赞和奖励

所有的动物都追求快感和奖励，回避不愉快的经历。因此在训练动物的时候，饲养员常常用饲料做奖励。这个原理同样适用于人。大人教孩子跟别人打招呼，最常用的方法就是在孩子跟别人打招呼时对孩子笑一笑，并且抚摸孩子的头，称赞孩子几句。

我们大部分的行为都是在奖励中学会的，但是从别人那里得到的外部奖励是有限的。因此，要想掌控自我，就要学会自我奖励。

如果成功地完成了计划，可以在周末给自己买一张喜欢的 CD，或者是买一些课外读物来看，这些都是自我奖励的方法。还可以对着镜子自我表扬："啊，你成功了，真了不起!"

4. 未能实现目标时给自己一些惩罚

为什么我们讨厌做作业还要强迫自己做？为什么我们为了不迟到而早早起床？还有，当红色信号灯亮起的时候，为什么驾车人都要停车？道理很简单，因为如果不那样做，将会有更痛苦的事情等待着我们。简而言之，就是要受罚。

改掉坏习惯和不好的行为，最常用的办法就是处罚。当然通常情况都是接受别人的惩罚。但成功人士往往会确立目标，制订规则，当自己违反规则时通过自我惩罚来约束自我。这是和普通人不同的。即使自己的行为与目标南辕北辙，普通人也不会为难自己。女孩们真想有一个有意义的人生吗？真心想的话就应该制订一套自我惩罚的措施，在偏离正确的人生方向时给自己一些惩罚。例如你订了计划，每天早上起来慢跑半个小时，如果不能坚持，就要给自己一些惩罚。对准一个目标，毫不动摇，豁出命来全力以赴。即使遇到困难与挫折，也要给自己加油，也许再坚持一下，就能取得胜利。只有这样才能逐渐扩大自己成功的可能性，甚至实现意想不到的目标。

目标，进取的动力

美国第四代个人电脑生产商迈克尔·戴尔，29 岁便成为富豪，但他既不是靠继承巨额遗产，也不是靠中彩，而是很早就播下希望的种子。

戴尔少年时期就勤奋好学，十来岁就开始了赚钱生涯——倒卖邮票。戴尔用赚来的 2000 美元买了一台电脑，然后把电脑拆开，仔细研究它的构造及运作，并多次安装成功。

中学时，戴尔找到了一份为报商征集新订户的工作。他推想，新婚的人最有可能成为订户，于是雇用别人为他抄录新近结婚的人的姓名和通信地址。他将这些资料输入电脑，向每一对新婚夫妻发出一封有私人签名的信，承诺赠阅报纸两周，一次就赚了 1.8 万美元。这样下来，他买了一辆德国宝马。汽车推销员看到这个 17 岁的年轻人竟然用现金付账，惊愕得直吐舌头。

到了大学期间，迈克尔·戴尔经常听到同学们想买电脑的言谈，但由于售价太高，许多人买不起。戴尔于是想："经销商的经营成本并不高，为什么要让他们赚那么丰厚的利润？为什么不由制造商直接卖给用户呢？"戴尔知道，万国商用机器公司规定，经销商每月必须提取一定数额的个人电脑，而多数经销商都无法把货全部卖掉。他也知道，如果存货积压太多，经销商的损失会很大。于是，他按成本价购得经销商的存货，然后在宿舍里加装配件，改进性能。这些经过改良的电脑十分受欢迎。戴尔见到市场的需求量巨大，于是在当地刊登广告，以零售价的八五折推出他那些改装过的电脑。不久，许多商业机构、医疗诊所和律师事务所都成了他的顾客。

后来，在父母的允许下，戴尔拿出全部积蓄创办了戴尔电脑公司，当时他才 19 岁。如今的戴尔电脑公司可谓享誉全球，而戴尔的个人财产早已过了百亿美元。

戴尔是杰出少年的楷模！

最伟大的成就在最初的时候只是一个梦想。也许，你现在的环境并不是很好，但你只要有梦想并为之奋斗，那么，你的环境就会改变，梦想就会实现。

有一位名叫莱特的主教与他的朋友一起吃饭。席间，主教认为耶稣很快会再度降临，原因是一切事物的本质都被发现，所有可能的发明都已实现。他的朋友不同意，他认为未来的 50 年中会有许多意想不到的发明，比如人类会飞上天。

莱特主教生气地说："胡说八道！只有天使可以飞。"

这位主教有两个儿子，就是日后有名的莱特兄弟。他们与父亲完全不同，梦想有一天能飞上天空，后来他们果然把父亲认为"不可能"的事变成了现实。

成功者只看到他想要的目标，并不在乎自己是否具备足够的能力去达到。当他真正想要达到那个目标时，便会引导自己通过学习而获得足够的能力，然后通过所有的障碍，成功地达到目标。

不要再将能量耗损在无聊的事情上，要用心地、认真地去凝聚注意力于你真正想要的目标之上，然后用力一击。马上行动，不再拖延，通过不断地努力工作，达成目标。

许多人内心充满了激情和理想，然而一旦面对平凡的生活和琐碎的工作，却变得束手无策、无可奈何了。他们常常聚在一起高谈阔论，然而一旦面对具体问题，就会不知所措。

一般人之所以不成功，正是因为他们永远将注意力放在事情的消极方面，于是眼中见到的只有困难、挫折、不可能等等。种种的阻碍横亘在他们的意识中。并非他们不能成功，而是他们将注意力锁定在自己所不想要的东西之上。

有了理想，心中也就有了阳光，心灵世界一片光明，女孩的人生也就不同凡响！

确立目标应考虑的因素

目标犹如一个人征程的指向灯，没有目标的人生就像随风飘曳的一叶孤舟。只有心存目标，才会顺利到达希望的彼岸。所以，每个人心中都应该设定一个适合自己的目标，但是目标的设定并不是信手拈来，确立目标应从以下几方面进行考虑。

第一因素：了解自己想做什么。

若按愿望关系分类，则可将人分为：

1. 确切知道自己在生活中想做什么并且也去做的人。

2. 不知道也不想知道自己想做什么的人。他们害怕自己有理想。他们说："我实际想要的东西，从来没得到过。所以我干脆也不去想了。"他们宁愿想别人也想的东西和不会给他们带来任何风险的东西。这些人实际上并不知道他们想要做什么。还不等一个愿望出现在他们的意识中，就已被他们扼杀在摇篮里："我能做到吗？我有资格做吗？别人将会怎么说呢？如果我不能胜任它，结果会怎样呢？"如果说这些人也想做些什么的话，那也只是别人想做的而不是他们自己想做的。

3. 还有一类是看起来非常清楚自己想做什么的人，而实际上他们对此却一无所知。他们与上面提到的两类人的区别只在于：他们非常重视给别人留下一种印象，好像他们知道自己想做什么。这使得他们比较自信，看起来也比别人略高一筹。

4. 最后一类就是什么都知道的人，至少他们对什么都了解得比较清楚。

第二因素：了解自己能做什么。

有一批人，他们根本不知道自己能做什么。这些人正如那些不知道自己想做什么的人一样。

这种人可划分为3类：

1. 过低估计自己的人。

2. 无限高估自己的人。

3. 当然，也有一些人，他们能正确估计自己，能得到他们想要得到的东西。他们属于为数很少的一部分，他们很懂得知足。

正如你所知道的那样，这么多的人过低估计自己，而且又不尝试做些事情去发挥被自己忽略的能力，这绝非偶然。他们早就认识到，安于现状是件很惬意的事情。他们的行为准则是折中的。他们追求平均，而且不想全部发挥出他们的实际能力。

1974 年的夏天，在英国黑潭市，教师收集了学生的有关意见。他们得出的结论是：孩子们具有潜在的超常能力。教师必须承认：他们压制了它们。在教学上一味地搞平均主义，一味地折中，直至大多数具有天赋的学生也渐渐适应了。学生们深信：只有我得了高分才会得到承认，而当我致力于我的兴趣爱好并继续发展时，我就得不到承认。他们从来不知道自己能做什么。

其结果是：你渐渐地习惯于低估自己和自己的实际能力。

有一些学生说：他们唯一的目标是要成为一名"博士"或"获得一个受人尊重的头衔"。至于今后干什么，他们一点概念都没有。可以确切地说，这种对头衔的盲目崇拜将影响他们的余生。他们评价自己的标准是自己在别人眼中的价值，而不是根据他们的实际能力去评判。

每个人都有多种才能，这些才能可分为最佳、较佳、一般 3 种。成才者，通常是最佳才能或较佳才能与成才目标一致发展的结果。就人才而言，成才有 3 种类型：再现型、发现型、创造型。再现型人才善于积累知识；发现型人才驾驭知识的能力强，并时常有所发现；创造型人才具有敏锐的洞察力和丰富的想象力，一些重大发明和突破，往往产生于他们手中。但"发现自己"并非易事，自己属于哪一种人才类型，哪一种才能是自己的最佳发展才能，往往需要经过反复实践才能发现。

第三因素：将目标和能力、现实相结合。

这是因为，只有将我们实现目标的多种情况都考虑在范围之内，我们的目标才能得以实现。

我们所有的目标的终点是我们自己。我们应该了解：我们今天需要什么，我们今天能做什么。不是别人需要什么或者别人能做什么，或者我们自己期盼着明天是什么。但现实却是：要想获得享受，我们必须动用我们所拥有的一切。大多数人都心存不满，原因只有一个：他们至今都不懂，如何从自己的生活现实出发，去做得更好。

杰出女孩的行动一定是量力而行却又全力以赴!

第四因素:适应社会需要。

任何人才的成功,都是顺应历史潮流,按照时代方向努力奋斗的结果。人才具有鲜明的时代特征。现代社会需要各个领域、各种类型、各个层次的人才。如果哪一个领域、哪一种类型、哪一个层次出现空白,那就是社会需要为你提供成才的机会。只有自己的目标与社会需要相一致,才可能成长起来。

女孩确立目标不仅要从自身出发,更要识大局,从整个社会的需要出发,才能真正成为时代的弄潮儿!

扬长避短,找到自己的"音符"

许多时候,女孩们艳羡他人的成功,常认为自己"比别人笨"、"我哪是成才的料"、"像他一样出名太难了"。其实,尺有所短,寸有所长,人的兴趣、才能、素质也是不同的。如果你不了解这一点,没能把自己的所长利用起来,那么,你将会自我埋没。反之,如果你有自知之明,善于设计自己,从事你最擅长的工作,就会获得成功。

这方面的例子实在是太多了:

达尔文学数学、医学呆头呆脑,一涉及动植物却灵光焕发。

阿西莫夫一直在努力成为一个自然科学家。一天上午,他坐在打字机前打字的时候,突然意识到:"我不能成为一个一流的科学家,却能够成为一个一流的科普作家。"于是,他几乎把全部精力放在科普创作上,努力、勤奋,笔耕不辍,终于成为当代世界最著名的科普作家。

伦琴原来学的是工程科学,他在老师孔特的影响下,做了一些物理实验,逐渐体会到,这才是最适合自己干的行业,后来果然成了一个有成就的物理学家。

而生物学家珍妮·古多尔同样也是一位非常善于自我定位的人,她清楚地知道，自己并没有过人的才智，但在研究野生动物方面，她有超人的毅力、浓厚的兴趣，而这正是干这一行所需要的。所以她没有去攻数学、物理学，而是深入非洲森林里考察黑猩猩，终于成了一个有成就的科学家。

一位专家指出，通向成功的道路有许多条，在不同领域不同行业，人们取得成功所需要的才能和智慧是不一样的。但毫无疑问的是，几乎每个女孩都有自己擅长的一种或几种才能。

有的女孩很有逻辑、数学天分，她们喜欢并擅长计数、运算，思维很有条理，经常向家长或老师提问题，追问为什么，并愿意通过阅读或动手实验寻找答案。如果她们的好奇心能得以满足，那么她们很可能在理科学习和研究上取得好成绩。

有的女孩很有语言天分，她们说话早，对语音、文字很有兴趣，喜欢听故事、讲故事，喜欢绕口令和猜谜等语言游戏，喜欢读书和听别人读书，她们很可能成为成功的作家。

有的女孩擅长人际交往，她们比较容易理解他人的感受，能够和各类人相处，在各种情况下都能恰当地表达自己，经常充当团体的领袖人物，她们比较容易在政治、教育、管理或社会活动等领域取得成功。

有的女孩视觉似乎特别发达，喜欢把事物视觉化，即把文字或语音信息转变为图画或三维形象，可能在绘画、摄影、建筑或服装设计、造型艺术等方面表现出兴趣和特长。

有的女孩听觉特别发达，很小就表现出对音准和声音变化的高度敏感，并能迅速而准确地模仿声调、节奏和旋律。

有的女孩表现出身体运动天分，她们能很好地协调肌肉运动，体态和举止优美而恰当，她们通常在体育运动、机械、戏剧和其他操作工作中有杰出表现，很容易成为优秀的演员、舞蹈家、运动员、机械师和外科医生。

成功学家通过研究发现，人类有四百多种优势。这些优势本身的数量并不重要，最重要的是你应该知道自己的优势是什么，短项是什么，之后要做的则是敢于放弃短项，将你的生活、工作和事业发展都转向你的优势，这样才更容易成功。

尽管其路径各异，但成功者都有一个共同点，就是"扬长避短"。传统上我们强调弥补缺点，纠正不足，并以此来定义"进步"。而事实上，当人们把精力和时间用于弥补短项时，就无暇顾及增强长项发挥优势了；更何况任何人的欠缺都比才干多得多，而且大部分的欠缺是无法弥补的。

所以，每一个女孩都应该努力根据自己的特长来规划自己、量力而行。根据自己的环境、条件、才能、素质、兴趣等，确定前进方向。做一个杰出者不仅要善于观察世界，善于观察事物，也要善于观察自己，了解自己。

第二章

立即行动——让女孩的人生不留遗憾

立即行动，积累成功的资本

现实是此岸，理想是彼岸，中间隔着湍急的河流，行动则是架在河上的桥梁。只有行动才出现结果，行动创造了成功。任何一个伟大的计划和目标，都要靠行动来实现。

成功人士肯定懂得这样的格言："我们要明白一点，拖延、迟缓无异于死亡。"

"整个事件成功的秘诀在于，"阿莫斯·劳伦斯说过，"我们形成了立即行动的好习惯，因此才会站在时代潮流的前列；而另一些人的习惯是一直拖沓，直到时代超越了他们，结果他们就被甩到后面去了。"

对一位成功者而言，拖延也许是最具破坏性，也是最危险的恶习，它使你丧失了主动的进取心。一旦开始遇事拖延，你就很容易再次拖延，直到它们变成一种根深蒂固的恶习。可悲的是，拖延的恶习也有累积性，唯一的解决良方，很明显的，正是行动。当女孩真的放手去做时会惊讶地发现，自己正迅速改变自身的状况。正如英国首相及小说家本杰明·狄斯雷利所说：行动未必总能带来幸福，但没有行动却一定没有幸福。

成功者从来不拖延，也不会等到"有朝一日"再去行动，而是今天就动手去干。他们忙忙碌碌尽其所能干了一天之后，第二天又接着去干，不断地努力、尝试，直至成功。

卡耐基的著作里收录了一篇哈巴德写的短文：

在一切有关古巴的事情中，有一个人最让我忘不了。当美西战争爆发后，美国总统麦金莱必须立即跟西班牙反抗军首领加西亚取得联系。但加西亚在古巴丛林的山里，没有人知道确切的地点，所以无法写信或打电话给他。

"怎么办呢？"总统问。

"有一个名叫罗文的人，有办法找到加西亚，也只有他才找得到加西亚。"有人对总统说。

他们把罗文找来，交给他一封写给加西亚的信。罗文拿了信，把它装进一个油质袋子里，封好，吊在胸口，划着一艘小船，4天以后的一个夜里，在古巴上岸，消失在丛林中，接着在3个星期之后，从古巴岛的那一边出来，徒步走过一个危险重重的国家，把那封信交给加西亚。

这里要强调的重点是：

麦金莱总统把一封写给加西亚的信交给罗文，而罗文接过信之后，并没有提出任何疑问：怎样去？为什么要找他？是否能找到他？给我什么报酬？

——没有问题，没有条件，更没有抱怨，只有行动，积极、坚决的行动！

女孩们都应该了解有名的"马太效应"。

主人公是一个贵族，他要到远方去。临行前，他把仆人们召集起来，按着各人的才干，分给他们银子。

后来，这个贵族回国了，就把仆人叫到身边，问他们："你们是怎样使用那些银子的？"

第一个仆人说："主人，你交给我 3000 两银子，我马上去投资做生意，很快又赚回了 3000 两。"

贵族听了很高兴，赞赏地说："好，善良的仆人，你既然在赚钱的事上对我很忠诚，又这样有才能，我要把许多事派给你管理。"

第二个仆人说："主人，你交给我 2000 两银子，我已用它赚了 1000 两。"

主人也很高兴，赞赏这个仆人说："我可以把一些事交给你管理。"

第三个仆人来到主人面前，打开包得整整齐齐的手绢说："尊敬的主人，看哪，您的 1000 两银子还在这里。我把它埋在地里，听说您回来，我就把它掘了出来。"

主人的脸色一下子沉了下来，说："你这个懒惰的仆人，你浪费了我的钱！"

于是要回他这 1000 两银子，给了那个有 6000 两银子的仆人。

第三个仆人不善于行动，就是对成功资本的最大浪费。那么马上行动吧，行动会使女孩走向成功。

失败者总会愤愤不平地说"人家如何如何运气"，"赶上了好光景、好地方"。他们从不采取行动，总是等待着"有一天"自己也会走运。他们把成功看作降临在"幸运儿"头上的偶然事情。失败者认为成功者的命运是一帆风顺，而自己的命运则全是倒霉。所以，既然幸运女神不肯眷顾，他们除了怨天尤人外，还能做什么呢？

女孩们千万不能有这种思想！记住，当你有了梦想，有了创意时，就立即去行动，趁早去积累成功的资本！

成功开始于思考，成功要有明确的目标，这都没有错，但这只相当于给你的赛车加满了油，弄清了前进的方向和线路，要抵达目的地，还得把车开动起来，并保持足够的动力才行。

比别人先行一步

鬼谷子说:"作战的方法贵在控制别人,而不是被人控制。"控制别人就把握了成功,被人控制就抛弃了成功。控制别人,贵在抢占先机。抢先一步容易控制别人,落后一步容易被人控制。项羽也说:"先发制人,后发受制于人。"要想创大业建大功,就要抢占先机而不落于众人之后;就要使人追随我而不是我去追随人。

《兵经百篇·先》中说:"用兵作战要使自己先发制人,必须掌握作战的先声、先手、先机、先天。先声,即在声势上首先压倒敌人;先手,就是交战时抢先下手;先机,即把握作战的先行良机;先天,不用争夺而制止了争夺,不用争战而制止了战争,胸中早有了不战而屈人之兵的韬略。先发制人最重要,而在先发制人的各种手段中,又以先天最为重要。"

什么事都比别人先行一步就能取胜。要想永远领先,就要处处争先,永远争先。

先人一手,先人一着,而不停留在这一手、这一着上,即使他人奋起直追,而你又大步向前,始终保持着原来的距离,你将永远领先。

女孩们,别总以为其他人比自己学习好是先天的,因为学习好的同学总会比别人先行一步,这就是学习好与差的原因所在。

有一个6岁的小男孩,一天在外面玩耍时,发现了一个鸟巢被风从树上吹落在地,从里面滚出了一个嗷嗷待哺的小麻雀。小男孩决定把它带回家喂养。

当他托着鸟巢走到家门口的时候,他突然想起妈妈不允许他在家里养小动物。于是,他轻轻地把小麻雀放在门口,急忙走进屋去请求妈妈。在他的哀求下妈妈终于破例答应了。

小男孩兴奋地跑到门口,不料小麻雀已经不见了,他看见一只黑猫正在意犹未尽地舔着嘴巴。小男孩为此伤心了很久,但他从此记住了一个教训：只要是自己认定的事情，绝不可优柔寡断。这个小男孩长大后成就了一番事业，他就是华裔电脑名人——王安博士。

总是步别人后尘的人是成不了大器的。如此一来，成功永远属于别人，自己得到的只是残羹冷炙。聪明的人不随大流，目光独到，在别人还没"睡醒"之前就已经行动了。

在某一领域的领袖几乎都是起步比较早的人，他们不一定比别人做得好，但是，因为起步早，他们有更多的机会改正错误。

早起的鸟儿有虫吃。卓越的成功者在做每一件事时都要比别人早一步，都要比别人更迅速地掌握未来的动态、资讯和走向。

女孩们，要想早有成就，那就赶快动手吧！

做好准备

准备之于成功，如同基石之于大厦。因此，准备是成功的基础，只有准备充分了，成功才会降临。当女孩们一点点地积累，一粒粒地积聚，一步步地迈进，就有了量变到质变的飞跃。人生是一个漫长的生命旅程，如果你能提前——做好准备，那么你的每一段路走起来就会坚定自如、泰然自若了。著名节目主持人朱军在出版《时刻准备着》时，他说："我觉得这么多年来，我的状态始终是'时刻准备着'，而机遇都是在积极准备中光顾的。"

美国著名电台主持人莎莉·拉菲尔在自己的职业生涯中遭遇了18次辞退，她的主持风格曾被人贬得一文不值。

最早的时候，她想到美国大陆无线电台工作，但是，电台负责人认为她是个女性，不能吸引听众，想都没想就拒绝了她。

她来到波多黎各，希望自己有个好运气。她不懂西班牙语，为了熟练掌握语言，她花了3年时间。但是在波多黎各的日子里，她最重要的一次采访，仅仅是一家通讯社委托她到多米尼亚共和国去采访暴乱，连差旅费都是自己付的。

在以后的几年，莎莉·拉菲尔不停地工作，不停地被辞退，有些电台甚至指责她根本不懂得什么是主持。

1981年，莎莉·拉菲尔来到了纽约的一家电台，但是很快被告知：她跟不上这个时代。为此，她失业了一年多。

有一次，她向一位国家广播公司的职员推销她的清谈节目策划，得到了对方的肯定。但是，那个人后来离开了广播公司，她不得不向另外一位职员推销她的策划，这位职员却不感兴趣。别人虽然同意雇用她，但不同意搞清谈节目，而是让她做一个政治节目主持人。

莎莉·拉菲尔对政治一窍不通，但是她不想失去这份工作，于是开始恶补政治……1982年夏天，她的以政治为内容的节目开播了，她有着娴熟的主持技巧和平易近人的风格，甚至让观众打进电话讨论国家的政治活动，包括总统大选。这在美国电台史上是史无前例的。

莎莉·拉菲尔几乎一夜成名，她的节目成为全美国最受欢迎的政治节目。她现在是美国一家自办电台节目主持人，曾经两度获得全美主持人大奖。每天有800万观众收看她主持的节目。在美国传媒界，她就是一座金矿，无论到哪家电视台、电台，她都会带去巨额的利润。莎莉·拉菲尔说："我平均每1.5年就被人辞退一次，有些时候，我认为这辈子都完了。但我相信，上帝只掌握了我的一半，我越努力，我手中掌握的一半就越庞大，终于有一天，我赢了上帝。"

当你有所准备的时候，面对挑战，才能保持绝对的冷静。做好了准备，一切危险、困难、挫折也就会被你摆平。有了准备，我们就不再彷徨。

人生之路漫长而又充满未知，女孩们应该"时刻准备着"。为了美好的将来，储备对付一切难题的能量，准备冷静平和挑战困难的心态。就像莫里尼奥所说的："当准备的习惯成为你身体的部分，它就会永远在那里，并帮助你取得令人惊讶的胜利。"

俗话说：有备无患。女孩们做事应该未雨绸缪、居安思危。

夯实每一个脚印

没有谁的成功能从天而降，行动，是梦想成真的桥梁。我们从牙牙学语到长大成人，人生的道路布满荆棘与瓦砾，但是女孩为了完成自己的人生，必须尽力去做，夯实每一个脚印。

1816 年，小林肯刚满 7 岁的时候。因为生活贫困，付不起房租，全家人被赶出住宅，开始了流浪的生活。流浪的日子过了两年，母亲因家庭的沉重负担病倒，不久就去世了，艰难的生活雪上加霜。但是，沉重的生活并没有使小林肯气馁，他仍然保持着积极的态度，夯实每一个脚印，并成长为积极进取的青年。

1831 年，青年林肯尝试着经商，希望通过自己的努力为自己和家人创造一个比较好的生活环境。可是，他失败了，并且债务缠身。1832 年，林肯失业了，这显然使他很伤心，决心要当政治家，所以他想攻读法学院，可是因为没钱，他没法开始求学生涯。他参加了州议员的竞选，糟糕的是，竞选失败了。在一年里遭受了两三次打击，这对他来说无疑是痛苦的。但失败并没有击垮他那积极进取、积极行动的人生态度。1833 年，林肯再次借钱经商，但因为经营方面的问题，很快又破产了。后来他用了17 年的时间才把债还清。

1834 年，贫困潦倒的他坚持积极地再次竞选州议员，他积极的行动终于给他带来了成功，这一次，他当选了。

1835 年，林肯订了婚。但离结婚还差几个月的时候，未婚妻不幸去世。这对他精神上的打击实在太大了，他心力交瘁，数月卧床不起。1836 年，他得了神经衰弱症。

1838 年，林肯觉得自己的身体状况好转了。他马上积极行动起来，决定竞选州议会议长，可他失败了。1843 年，他又参加竞选美国国会议员，这次仍然没有成功。

林肯一次又一次地失败了，但他还是不断地积极行动。正是这些积极的行动，使他越战越勇，最终走向了成功。

1846 年，他又一次竞选国会议员，终于当选。两年任期过去了，他决定要争取连任。他认为自己作为国会议员的表现是出色的，相信选民会继续选举他。但很遗憾，1848 年，他落选了。

因为这次竞选，他赔了一大笔钱。但是林肯没有放弃。1849 年，他又积极地自荐州土地局长一职，但州政府把他的申请退了回来，上面指出："做本州的土地官员要求有卓越的才能和超常的智力，你的申请未能满足这些要求。"1854 年他竞选参议员，落选。

林肯失败了，但林肯始终没有服输。他始终都是那么斗志昂扬，始终都是积极地行动，积极地前进、前进、前进！1856 年他竞选美国副总统提名，得票不到 100 张。1858 年，他再度竞选参议员，再次落败。

林肯尝试了 13 次，只成功了 3 次。但他始终都没有屈服，始终在做自己生活的主宰，不管是成功还是失败，他始终都在不断夯实每个脚印。1860 年，他一举当选美国总统，成为美国历史上一位伟大的总统。

林肯值得每位女孩去学习，不管失败多少次，他始终坚持走自己的路，夯实着每个脚印，当然成功也就非他莫属了。

成功的人都知道：思想和行动同等重要，如果你每天都在想着做什么，而不去付诸实践，那只是空想，只能流于平庸。只有积极地行动，夯实每一个脚印，成功才会离你越来越近。

临渊羡鱼，不如退而结网

每个人都有自己美好的理想，有的人为了实现它，孜孜以求，不懈地努力着、奋斗着，而有的人则仅仅停留于口头上，或常常沉浸在一些不切实际的幻想中，不能付诸切实的行动。当遇到后一种情况的时候，人们常常会劝勉他说："临渊羡鱼，不如退而结网！"做事要积极行动，不能总是停留在口头上，重要的是采取实际行动。唐代学者颜师古解释这一典故时说："言当自求之。"自求，就是要靠自己努力追求，付诸行动。这一典故还告诉人们，一切伟大的目标、伟大的思想，都是从微不足道的开始起步的。中国春秋时期的大思想家老子说："天下难事必做于易，天下大事必做于细。"意思是说，规划宏伟的目标，还得从最不起眼的小事做起，谋划难做的事，也得从最容易的事做起。

下面我们来看看一位女青年的自述：

"好多朋友跟我说，自考好难！于是，本想参加学习的我一直被这个思想包袱拖累，徘徊在自考门外。直到2005年下半年，我准备报考高级会计师，从财政局获知需有大专文凭才能报考，这当头一棒，使我马上就想到了自考。

"2005年底，我报读了电子培训中心的南京大学汉语言文学专业的独立办班，怀着巨大的压力与不自信跨进了自考的大门。

"老师讲课经验丰富，引经据典，把本来很枯燥的内容形象化，课堂上同学们的兴致很高，气氛活跃。我仿佛又回到了当年的学校，又找到了6年前的温馨感觉，对汉语言文学的学习兴趣也提高了，同时充满了自信。

"自考最主要的难题是时间紧，但我认为'时间就像海绵里的水，只要愿挤总是会有的'。参加自考以后，我取消了每天下班后的娱乐活动，重新拿起书本，搬起厚厚的词典，认真学习。看了一篇篇优秀文学作品，每天温故而知新，我真正感觉到了学习的乐趣。夜深人静时有我看书做题的身影，清晨醒来随手拿起特意放在床头的书读一段，这一天都会感觉清新自然。而且，通过自考我认识了很多好朋友。我们经常一起学习、互相讨论，不亦乐乎！一分耕耘一分收获，通过努力，我的4次考试都获得了很好的成绩，很快我的大专文凭就到手了，而且这种过程也不像别人所说的很难。

"'临渊羡鱼，不如退而结网！'我觉得这句话说得太对了，心动不如行动，行动了才有希望！"

女孩们，羡慕别人只是些虚荣的心理，何不自己去争取呢？上帝对每个人都是公平的，每个人身上都有可以成功的素质，就看你争取不争取！所以，要想成功，就立即去实践吧！

女孩们，别年复一年虚度青春了，给自己布置个任务吧！

1. 激发好胜心

每个人都有惰性，不愿意自己去学习新的东西；或者是没有胆量，没有学习新知识的意识。但是，我们也有一个最有利的条件，就是有很强的好胜心。只要能激起好胜心，并加以激励，我们就会"铤而走险"去学习新知识。一旦我们尝到了"甜头"，认识了自己的能力，我们就不但敢于而且也愿意去做了。

2. 培养执行计划的习惯

女孩每天都会有许多新的构想，而每一天都会有成千上万个女孩把自己辛苦得来的新构想取消或埋葬掉，因为她们不敢执行。

当发生这种情况时，我们应该清楚一点：无论我们的想法有多好，理想如何远大，除非真正身体力行，否则将永远没有收获。

3. 尝试未做过的事情

有这样一句话，似乎是很多女孩的常用语："这个老师没教过，我不会做。"把这句话挂在嘴边是不行的。不会的就更应该学，而且要激励自己去学习新知识，而不是被动地等待别人来教。

4. 独立完成各种任务

对于应该是自己完成的所有活动，都要自己去做。比如写作文和解应用题，应先自己思考领会并尝试完成，这样我们就充分运用了自己的综合能力。然后请父母评价，并指出正确的做法。最后再让我们重新开始。这样我们的自学能力会得到很好的训练。

分解大目标，循序渐进

1968 年，罗伯·舒乐博士立志在加州用玻璃建造一座水晶大教堂，他向著名的设计师菲力普·强生表达了自己的构想：

"我要的不是一座普通的教堂，我要在人间建造一座伊甸园。"

强生问他的预算，舒乐博士坚定而坦率地说："我现在一分钱也没有，所以 100 万美元与 400 万美元的预算对我来说没有区别，重要的是，这座教堂本身要具有足够的魅力来吸引人们捐款。"

教堂最终的预算为 700 万美元。700 万美元对当时的舒乐博士来说是一个不仅超出了能力范围也超出了理解范围的数字。

当天夜里，舒乐博士拿出 1 页白纸，在最上面写上 "700 万美元"，然后又写下了 10 行字：

1. 寻找 1 笔 700 万美元的捐款。

2. 寻找 7 笔 100 万美元的捐款。

3. 寻找 14 笔 50 万美元的捐款。

4. 寻找 28 笔 25 万美元的捐款。

5. 寻找 70 笔 10 万美元的捐款。

6. 寻找 100 笔 7 万美元的捐款。

7. 寻找 140 笔 5 万美元的捐款。

8. 寻找 280 笔 2.5 万美元的捐款。

9. 寻找 700 笔 1 万美元的捐款。

10. 卖掉 1 万扇窗户，每扇 700 美元。

60 天后，舒乐博士用水晶大教堂奇特而美妙的模型打动了富商约翰·可林，他捐出了第一笔 100 万美元。

第 65 天，一位倾听了舒乐博士演讲的农民夫妻，捐出第一笔 10000 美元。

90 天时，一位被舒乐博士孜孜以求精神所感动的陌生人，在生日的当天寄给舒乐博士一张 100 万美元的银行本票。

8 个月后，一名捐款者对舒乐博士说："如果你的诚意和努力能筹到 600 万美元，剩下的 100 万美元由我来支付。"

第二年，舒乐博士以每扇 500 美元的价格请求美国人订购水晶大教堂的窗户，付款办法为每月 50 美元，10 个月分期付清。6 个月内，1 万多扇窗户全部售出。

1980 年 9 月，历时 12 年，可容纳 1 万多人的水晶大教堂竣工，这成为世界建筑史上的奇迹和经典，也成为世界各地前往加州的人必去瞻仰的胜景。

水晶大教堂最终造价为 2000 万美元，全部是舒乐博士一点一滴筹集而来的。

由此可见，许多困难乍看起来像梦一般遥不可及，然而我们本着从零开始、点点滴滴去实现的决心，有效地将问题分解成许多板块，这将大大提升我们去攻克难关的信心和效率。

女孩们要想获得成功，首先就要选择好人生的奋斗目标——你最终想要到达的地方，然后设计好路线——第一站要到达什么地方，用多少时间；第二站要到达什么地方，用多少时间。设计好你的路线后，只需一步一步向终点前进，终有一天你能到达终点，得到你想要的东西。

要成功就必须把大目标分解成几个阶段，然后再去分阶段实现。

分解大目标时，需注意以下几点：

1. 目标必须合理；

2. 目标必须具体；

3. 目标必须限时完成；

4. 把目标写下来，更容易成功；

5. 大目标必须分解到今天，分解到现在；

6. 要有明确的最高目标和最低目标。

马上行动

有一位名叫西尔维亚的美国女孩，她的父亲是波士顿有名的整形外科医生，母亲在一家声誉很高的大学担任教授。她的家庭对她有很大的帮助和支持，她完全有机会实现自己的理想。她从念中学的时候起，就一直想当电视节目的主持人。她觉得自己具有这方面的才干，因为每当她和别人相处时，即便是生人也都愿意亲近她并和她长谈。她知道怎样从人家嘴里"掏出心里话"。她的朋友们称她是他们的"亲密的随身精神医生"。她自己常说："只要有人愿给我一次上电视的机会，我相信我一定能成功。"

但是，她为达到这个理想而做了些什么呢？什么也没做。她在等待奇迹出现，希望一下子就当上电视节目的主持人。

谁也不会请一个毫无经验的人去担任电视节目主持人。而且，节目的主管也没有兴趣跑到外面去搜寻天才，都是别人去找他们。

而另一个名叫辛迪的女孩却靠着扎实的行动实现了自己的理想，成了著名的电视节目主持人。辛迪没有可靠的经济来源，她白天去做工，晚上在大学的舞台艺术系上夜校。毕业之后，她开始谋职，跑遍了洛杉矶每一个广播电台和电视台。但是，每个地方的经理对她的答复都差不多："不是已经有几年经验的人，我们不会雇用的。"

但是她并未退缩。她一连几个月仔细阅读广播电视方面的杂志，最后终于看到一则招聘广告：北达科他州有一家很小的电视台招聘一名预报天气的女孩子。

辛迪在那里工作了两年，后来在洛杉矶的电视台找到了一个工作。又过了5年，她终于得到提升，成为她梦想已久的节目主持人。

西尔维亚那种失败者的思路和辛迪的成功者的观点正好背道而驰。分歧点就在于，西尔维亚一直是在幻想，坐等机会，期望时来运转。而辛迪则是采取行动步步实现理想。首先，她充实了自己；然后，在北达科他州受到了训练；接着，在洛杉矶积累了比较多的经验；最后，她实现了理想。

成功的最大敌人，是凡事等待明天。

在所谓的风平浪静的生活中，女孩也许经常说这样的话："我要等等看，情况会好转的。"对于有些人来讲，这似乎已经成为他们习以为常的生活方式。他们总是明日复明日，因而总是碌碌无为。

你遇见过那种喜欢说"假若……我已经……"的人吗？这些人总是喋喋不休地大谈特谈他以前错过了什么样的成功机会，或者正在"打算"将来干什么样的事业。总是谈论自己"可能已经办成什么事情"的人，只是空谈家。"实干家"是这么说的："假如说我的成功是在一夜之间得来的，那么，这一夜乃是无比漫长的历程。"

成功总是青睐意志坚定、精力充沛、行动迅速的人。这种人不但善于做出决定，而且善于执行决定。当面对问题的时候，他会全面考虑自己所面对的情况，果断地做出选择。他不是仅仅制订工作计划，还能够执行工作计划。他不但做出决定，还能够将决定贯彻到底。

如果你瞻前顾后，如果你习惯于犹豫不决，而不知道自己真正需要什么，那么你将永远不可能成功。这些不是一个成功者的品质。一个成功者不会是一个完人，会有各种各样的缺点，但是他却明白自己的理想。他知道自己需要什么，并且努力追求。他会犯错误，会遇到挫折，但他总是迅速地站起来，继续前行。

一张地图，不论它多么详细，比例尺有多么精密，绝不能够带它的主人在地面上移动一寸。一本羊皮纸的法典，不论它有多公正，绝不能够预防罪行。一个卷轴，绝不会赚一分钱或制造一个赚钱的字。行动，才是滋润成功的食物和水。

女孩们，赶快行动吧，不要拖延，也不要恐惧什么。拖延，是恐惧的产物。现在，要感谢这个从勇敢的心胸里挖掘出来的秘诀。现在我们知道，要想克服恐惧，就必须毫不犹豫地起而行动，心里的烦躁才会一扫而尽，现在我们知道，行动会使恐惧心理减缓，遇到情况时不慌不忙。

不要逃避今天的责任而等到明天去做，不要为自己的拖延找借口。现在就采取行动吧，即使你的行动不会使你马上得到成功，但是，动而失败总比坐以待毙好。即使成功可能不是行动所摘下来的那个果子，但是，没有行动，任何果子都会在枝上烂掉。

现在就采取行动。现在要采取行动。现在必须采取行动。女孩们要一遍又一遍，每一小时、每一天，都要重复这句话，一直等到这句话成为像你自己呼吸的次数一样多；而跟在它后面的行动，要像你眨眼睛那种本能一样迅速。任何时刻，当你感到拖延的恶习正悄悄地向你靠近，或甚至当此恶习已迅速缠上你，使你动弹不得之际，你都需要用这句话提醒自己。

总有很多事需要完成，如果你正受到怠惰的钳制，那么不妨就从碰见的任何一件事着手。这是件什么事，并不重要，重要的是你突破了无所事事的恶习。从另一个角度来说，如果你想规避某项杂务，那么你就应该从这项杂务着手，立即进行。否则，事情还是会不断地困扰你，使你觉得烦琐无趣而不愿动手。

当你养成"现在就动手做"的习惯，你就将掌握主动进取的精义。

诗人约翰·弥尔顿曾说："只是站立等待的人也能有所得。"这句话也许相当诚恳而值得深思。但是，生命中真正的财富往往属于那些能以积极行动寻求的人。成功不会由挂着皇家徽章的铜管乐队伴随着行军而来，它往往属于长期艰苦努力工作的人。

采取主动，就能创造自己的机会。缜密思虑下策划的行动，是没有任何东西可以取代的。

你可以用尽各种方法，告诉全世界，你有多么优秀，但是你必须通过行动。要让别人知道你的成就，你应该先付诸行动，让人由行动中认清你的成就。

不要等待"时来运转"，也不要由于等不到而恼火和委屈，要从小事做起，用行动争取胜利。

记住，立即行动！

立即行动——可以应用在人生每一个阶段的各个方面，帮助女孩做自己应该做却不想做的事情，对不愉快的工作不再拖延，抓住稍纵即逝的宝贵时机，实现梦想。

第三章

勤奋努力——这样的女孩离成功最近

天下没有免费的午餐

从前，老虎并不像现在这样威风，相反，它是所有动物中最弱小的一个。因为捕捉不到动物，常常是饥一顿，饱一顿。

狮王把所有的小动物都召集起来说："老虎是我们中的一员，我们不能眼睁睁地看着它饿肚子而不管不问。我建议，大家都伸出友谊之手，拉它一把，帮它渡过难关。"

于是，动物们都给老虎送去了好吃的东西，唯有猫什么东西也没有送。

狮王不高兴地对猫说："大家都为老虎送了东西，你怎么什么都不送呢？"

猫说："你们送给它的东西虽然很多，但总有一天会吃完的，我要送给它一件永远吃不完的礼物。"

狮王不屑地说："算了吧，你除了能送几只老鼠外，还能送什么呢？"

猫回答说："以后你会看到的。"

几个月以后，狮王又来到老虎家。好家伙！老虎家里里外外到处挂着好吃的东西。

狮王问："这些东西都是猫送的?"

"不,"老虎说,"它送的礼物要比这些东西贵重千万倍!"

狮王好奇地问："那究竟是什么东西?"

老虎说："它教我练壮了身体,又教我学会了捕食的本领。"

"噢!"狮王从头到尾把老虎打量了一番说,"难怪你那么崇拜它呢,连衣服也和它穿得一模一样!"

再多的好东西都比不上一身本领。女孩们要想在社会上立足,就要摆脱依赖他人的想法,不断提高自身的能力,练就一身谋生的好本领,这样才能为自己赢得尊严。事实上,只有当一个人能够自立的时候,才能为自己赢得尊严。一个在穷困中仍然能够保持自立精神,不依靠别人的施舍生活的人,最终必将获得人生的成功。

杰克7岁那年,他的父亲去世了,他还有一个两岁大的妹妹,母亲为了这个家整日操劳,但是赚的钱难以让这个家的每个人都填饱肚子。看着母亲日渐憔悴的样子,杰克决定帮妈妈赚钱养家,因为他已经长大了,应该为这个家贡献一份力量了。

一天,他帮助一位先生找到了丢失的笔记本,那位先生为了答谢他,给了他1美元。

杰克用这1美元买了3把鞋刷和1盒鞋油,还自己动手做了个木头箱子。带着这些工具,他来到了街上,每当他看见路人的皮鞋上全是灰尘的时候,就对他们说:"先生,我想您的鞋需要擦油了,让我来为您效劳吧!"

他对所有的人都是那样有礼貌,语气是那么真诚,以至于每一个听他说话的人都愿意让这样一个懂礼貌的孩子为自己的鞋擦油。他们实在不愿意让一个可怜的孩子感到失望,他们知道这个孩子肯定是一个懂事的孩子,面对这么懂事的孩子,怎么忍心拒绝他呢?

就这样,第一天他就带回家50美分,他用这些钱买了一些食品。他知道,从此以后每个人都不需要再挨饿了,母亲也不用像以前那样操劳了，这是他能办到的。

当母亲看到他背着擦鞋箱带回来食品的时候，她流下了高兴的泪水，"你真的长大了，杰克。我不能赚足够多的钱让你们过得更好，但是我现在相信我们将来可以过得更好。"妈妈说。

就这样，杰克白天工作，晚上去学校上课。他赚的钱不仅为自己交了学费，还足够维持母亲和小妹妹的生活了。他知道，"工作不分贵贱，只要是靠自己的劳动赚来的钱就是光荣的"。

女孩们如果凡事都想依靠别人，是永远无法赢得别人尊重的，更重要的是，自己也体会不到劳动的价值和快乐。只有自食其力才能够为自己赢得尊严，因此，女孩现在就要试着从点点滴滴的小事开始，尝试着用自己的双手来创造劳动成果。相信这样的锻炼和经历，对于你将来更好地适应社会是大有益处的。

比别人多做一点

清朝某县有位青年名叫王生，是个大户人家的子弟，从小就喜爱道术，听人说崂山上有很多得道的仙人，就前去学道。

王生进入一座道士庙，在清幽静寂的庙宇中，一位老道正在蒲团上打坐。只见这位老道满头白发垂挂到衣领处，精神清爽豪迈，气度不凡。王生连忙上前磕头行礼，并且和他交谈起来。交谈中，王生觉得老道讲的道理深奥奇妙，便一定要拜他为师。道士说："只怕你娇生惯养，性情懒惰，不能吃苦。"王生连忙说："我能吃苦。"老道便把他留在了庙中。第二天，王生在师父的吩咐下随众人上山砍柴。

这样过了一个多月，王生的手和脚都磨出了很厚的茧子，他忍受不了这种艰苦的生活，暗暗产生了回家的念头。

又过了一个月，王生吃不消了，可是老道还不向他传授任何道术。他等不下去了，便去向老道告辞说："弟子从好几百里外的地方前来投拜您，我这一片苦心不指望学到什么长生不老的仙术，但您不能传些一般的技术给我吗？现在已经过去两三个月了，每天不过是早出晚归在山里砍柴，我在家里从来没吃过这样的苦。"老道听了大笑说："我开始就说你不能吃苦，现在果然如此，明天早上就送你走。"

王生听老道这样说，只好恳求说："弟子在这里辛苦劳作了这么多天，只要师父教我一些小技术也不枉此行了。"老道问："你想学什么技术呢？"王生说："平时常见师父不论走到哪儿，墙壁都不能阻隔，如果能学到这个法术就满足了。"

老道笑着答应了他，并领他来到一面墙前，向他传授了秘诀，然后让他自己念完秘诀后，喊声"进去"，就可以去了。王生对着墙壁，不敢走过去。老道说："试试看。"王生只好慢慢走过去，到墙壁时被挡住了。老道指点说："要低头猛冲过去，不要犹豫。"当他照老道的话猛向前冲到墙壁处，真的未受阻碍，睁眼已在墙外了。王生高兴极了，又穿墙而回，向老道致谢。老道告诫他说："回去以后，要好好修身养性，否则法术就不灵验了。"说完，就让他回去了。

王生回到家中自得不已，说自己可以穿越厚硬的墙壁而畅通无阻。妻子不相信。于是，王生按照在老道处学的方法，离开墙壁数尺，低头猛冲过去，结果一头撞在墙壁上，立即扑倒在地。

生性懒惰，却还想得道成仙，这无疑是异想天开。懒惰不改，要想获得成功，必定会碰壁的。如果说王生的遭遇是一个懒惰者的遭遇，那么王生所得的教训就是所有懒惰者的教训了。

很多人想找一条通向成功的捷径，却在众里寻他千百度之后，发现"勤"字是成大事的要诀之一。

天道酬勤。没有一个人的才华是与生俱来的，在成功的道路上，除了勤奋，是没有任何捷径可走的，在每个成功者的身上，都可以看到勤劳的好习惯。

鲁迅说得更清楚："其实即使天才，在生下来的时候第一声啼哭，也和平常的儿童一样，绝不会就是一首好诗。""哪里有天才，我是把别人喝咖啡的工夫用在工作上。"

笨鸟先飞，尚可领先，何况并非人人都是"笨鸟"。勤奋，使女孩如虎添翼，能飞又能闯。

任何事情，唯有不停前进方可有生命力。在这个竞争激烈的世界里，人才云集，竞争对手强大。快节奏的生活，高强度的竞争又时刻令人体会到一种莫大的压力，潜移默化地催人上进。

成功的得来可不像老鹰抓小鸡那样容易，而是勤奋工作得来的。只有辛勤的劳动，才会有丰厚的人生回报。即使给你一座金山，你无所事事，也终有一天会坐吃山空的。传说中的点石成金之术并不存在，在劳动中获得财富才是最正确的途径。你想拥有金子，你的办法只有辛勤地耕耘。

人生是一个充满谜团的过程。在这个过程中，会有许许多多悲欢离合、喜怒哀乐，也会有许多意想不到却又似乎是上天特意考验我们的事情出现。在这些事情的考验下，有的人充实而成功地走完了这一过程，有的人却相反，在遗憾中随风逝去。

每一个女孩都希望自己能够走向成功，都想在成功中领略人生的激动，而成功又不是轻易予人的。

那些勤劳的人们总是很快就会投入到新的生活方式中去，并用自己勤劳的双手寻找、挖掘出生活中的幸福与快乐。女孩要享受成功的幸福，首先要付出你的辛劳汗水，只有这样，你才会收获耕耘的快乐。

女孩要锤炼一双勤劳的手

著名哲学家罗素指出："真正的幸福绝不会光顾那些精神麻木、四体不勤的人们，幸福只在辛勤的劳动和晶莹的汗水中。"勤劳，是中华民族引以为荣的传统美德。而如今，一些女孩"饭来张口，衣来伸手"，"贪图安逸"成为她们生活的主题。殊不知，将来害的还是自己。

有一位老农，临死的时候，把他的3个儿子召集到床前，对他们说："我很快就要离开你们了，希望你们能在我去世之后比现在过得更好。我担心将来你们会受苦。因此，在我们家的那块地里，我埋下了一坛金子，这是我一辈子积攒得来的。"老人去世后，他的儿子便在老人所说的土地上挖金子，令他们感到奇怪的是，他们翻遍了每一寸土地，却始终没有找到那坛金子。他们感到很失望。当时恰逢播种的季节，随着失落的心情，儿子们将那块地进行了耕种。

几个月过去了，收获的季节来临了，由于儿子们深翻了土地，因此获得了前所未有的大丰收。更令他们高兴的是：他们恍然明白了老人的用意。

俗语说：千金唾手得，一勤最难求。有勤劳的双手，才有美丽丰硕的人生。

比尔·盖茨曾说："懒惰、好逸恶劳乃是万恶之源，懒惰会吞噬一个人的心灵，就像灰尘可以使铁生锈一样，懒惰可以轻而易举地毁掉一个人，乃至一个民族。"

对于任何人而言，懒惰都是一种堕落的、具有毁灭性的东西。懒惰是一种精神腐蚀剂，因为懒惰，人们不愿意爬过一个小山岗；因为懒惰，人们不愿意去战胜那些完全可以战胜的困难。

因此，那些生性懒惰的人不可能在社会生活中成为一个成功者，他们永远是失败者。成功只会光顾那些辛勤劳动的人们。懒惰是一种恶劣而卑鄙的精神重负，人们一旦背上了懒惰这个包袱，就只会整天怨天尤人、精神沮丧、无所事事，这种人将成为社会的无用之人。

许多女孩在安逸的生活中忽略了懒惰的可怕性而变得愚昧无知，她们只会从享受中体味生活，却不懂得如何去营造生活、创造生活。

勤劳和成功是相辅相成的，有很多人因为勤劳而成功，但却不会有因懒惰而成功的人。虽然勤劳并不一定能获得令人瞩目的巨大成功，但只要辛勤工作，却能够获得个人最大限度的成功。

成功的背后定有辛苦。远古人生火，要花很长的时间去摩擦木头或石头；要吃果实，就爬到很高的树上去摘。因此《圣经》中有两句话：

流泪撒种的，必欢呼收割。

那流着泪出去的，必要欢欢乐乐地带禾捆回来。

勤劳或懒惰不是天生的，很少有人一生下来就是辛勤的工作者，也很少人是天生的懒虫，大多数人的勤劳或懒惰都是后天的，是习性所致。此外，孩童时期的家庭环境以及所受的教育，也都有很大的影响。

生活中，女孩要养成勤劳的习惯，应做到以下几点：

（1）自己的事自己做，比如洗衣服、刷鞋、收拾房间等。

（2）在学校里，多参加劳动；或走出校园，进行社会实践、公益活动。

机遇之花需要汗水来浇灌

有人说过，机遇是一位神奇的、充满灵性的，但是性格怪僻的天使。它对每一个人都是公平的，但绝不会无缘无故地降临。只有经过反复尝试，多方出击，才能寻觅到它。

在成功的道路上，有的人不喜欢尝试，不愿走崎岖的小道，遇到艰辛或绕道而行，或望而却步，他们也就常与机遇无缘。而另一些人，总是很有耐性，尝试着解决难题，不怕艰难险阻，结果恰恰是他们能抓住不可复得的机遇。

机遇不会白白地降临，只有用汗水去不懈地辛勤浇灌，才能使机遇的花朵为你绽放。

"天下没有免费的午餐"，"有付出才能有回报"。这些至理名言都是在告诉女孩们，想要抓住机遇，要想获得成功，就要勤奋地去努力、去付出。

勤奋进取不仅是一种精神，更是人们落在实处的行动。人生态度千差万别，但概括起来不外乎 3 种：勤快，及时努力；随便，随遇而安；懒散，及时快活。第一种自然是值得肯定的人生态度。伟大诗人李白少年贪玩，是老婆婆"只要功夫深，铁杵磨成针"的教诲，促使他发奋苦读，学问大进。西晋时的刘琨、祖逖"闻鸡起舞"，这也是一种勤奋。《后出师表》中说的"鞠躬尽瘁，死而后已"更是概括了诸葛亮以勤自勉的人生。

勤奋是通往成功路上的助推剂，这是世界上的通用法则，没有古今中外之分。

很多人喜欢看 NBA 的夏洛特黄蜂队打球，但令人想不到的是，这个队的 1 号队员博格斯身高却仅有 160 厘米！

这样的身高，即使在东方人里面也算矮个子，更不要说是在两米身高都嫌矮的 NBA 球队了。

是博格斯机遇特别好吗？不是，小个子博格斯之所以能成为 NBA 的球员，完全归功于他自己的百倍努力。

据说博格斯不仅是现在 NBA 里最矮的球员，也是 NBA 有史以来创纪录的矮子。但这个矮子可不简单，他曾是 NBA 表现最杰出、失误最少的后卫之一，不仅控球一流，远投精准，甚至在巨人阵中带球上篮也毫无所惧。

博格斯是不是天生的篮球好手呢？当然不是，而是意志与苦练的结果。

博格斯从小就长得特别矮小，但却热爱篮球，几乎天天都和同伴在篮球场上打球，梦想有一天可以去打 NBA，因为 NBA 的球员不只待遇高，也享有风光的社会评价，是所有爱打篮球的美国少年最向往的梦。

每次博格斯告诉他的同伴："我长大后要去打 NBA。"

所有听到的人都忍不住哈哈大笑，甚至有人笑倒在地上，因为他们认定一个 160 厘米的矮子是绝没有可能打 NBA 的。

他们的嘲笑并没有阻断博格斯的志向。他用比一般人多几倍的时间练球，终于成为全能的篮球运动员，也成为最佳的控球后卫。他充分利用自己矮小的优势，行动灵活迅速，像一颗子弹一样，运球的重心最低，不会失误；个子小不引人注意，抢球常常得手。

现在博格斯成为有名的球星了，他说："从前听说我要进 NBA 而笑倒在地上的同伴，他们现在常炫耀地对别人说，'我小时候是和黄蜂队的博格斯一起打球的'。"

博格斯虽然个子矮小，却凭着一股韧劲和勤奋的努力，实现了常人认为不可能的理想。女孩们，你们的身边也存在着许许多多机遇，也许你们现在存在这样或那样的不足，但你们绝不能轻易对自己说"我不行"。为了实现愿望、达到目标，就一定要努力，要付出辛苦和汗水。只有这样，机遇才不会从你们身边跑掉，你们才有可能获得最后的成功，就像博格斯一样。

女孩们都读过很多伟人的故事，都深深地了解所罗门在几千年前所说的那句话的含义："你见过工作勤奋的人吗？他应该与国王平起平坐。"孜孜不倦的富兰克林用他的一生对这句话做了最好的诠释，他曾经与 5 位国王平起平坐，曾经与两位国王共进晚餐。

那些善于利用机会的人在发现机会与把握机会的时候撒下了种子，终有一天，这些种子会生根、发芽、结果，给他们自己或是别人带来更多的机会。每一位一步一个脚印、踏踏实实工作的人其实正在离知识与幸福越来越近，可供他们选择的道路也越来越宽、越来越平坦、越来越容易往前走。这些道路其实向所有的人都是敞开的，无论是对头脑冷静、生活节俭、年富力强的机械师，还是对刻苦认真的学生；无论是对谨慎细致的公务员，还是对兢兢业业的公司职员。

懒惰的人总是抱怨自己没有机会，抱怨自己没有时间；而勤劳的人永远在孜孜不倦地工作着、努力着。有头脑的人能够从琐碎的小事中找到机会，而粗心大意的人却轻易地让机会从眼前飞走了。

无数的成功经验告诉女孩们：每一个新的时刻都能给人们带来许多未

知的机遇，一个聪明的人，只要把握住这些"未知的机遇"，就能够在实现人生目标进程中取得成功。

那些能拼能赢者不会等待机遇的到来，而是寻找并抓住机遇、把握机遇、征服机遇，让机遇成为服务于他的奴仆。换句话说，任何机遇都可以是他们手中的"金钥匙"。

勤奋是天才的试金石

学习是一件快乐的事情，但如果没有勤奋作为基础，快乐就会变成空中楼阁。那些卓有成就的成功人士，无一不是勤奋之人。

童第周是我国著名的生物学家，他小时候，考试总是不及格，排名全班倒数第一，甚至面临退学或降级的危险，这使童第周非常苦恼。他认为自己绝不能就此认输，基础差没有关系，但只要勤奋努力，一定能跟上其他同学，甚至超越其他同学。

经过仔细分析，他认为在学习上必须比别人花更多的时间，做到"笨鸟先飞"，才能缓解面临的种种压力。从此以后，童第周抓紧一切时间学习，宿舍熄灯后，他就跑到校园昏暗的路灯下继续读书。经过不断的勤奋努力，毕业的时候，童第周的学习成绩已经是全班第一了。

无论是生物学家、文学家，还是艺术家，他们的成功都和"勤"有着不解之缘。他们并非一出生就拥有过人的天分，他们之所以有后来的成就，并被人们尊为天才，全是平时勤奋和持之以恒的结果。

王羲之是中国历史上著名的书圣，可他少年时并不是一个才智出众的孩子，还稍显木讷。但他自七岁跟着老师学习书法起，便一直坚持勤学苦练。他每天都练习写字，从未间断，即便在休息的时候，也在揣摩字体的结构、间架和气势，经常手随心想，在衣襟上勾勾画画，时间一久，把衣襟都画破了。王羲之喜欢在家中的一个水池边习字，这样可以就近从池里取水研墨、洗笔和刷砚，经年累月，竟使一池清水变黑。现今王羲之的故宅仍有"墨池"遗迹，而"临池"也成为习字的一个代称。最终，王羲之集众家所长，改变了晋代以前平板匀整的篆、隶书法，创造了飘逸潇洒的行书、骨力刚健的楷书、神采飞扬的草书这三种具有个人风格的字体，可以说是勤奋造就了这位一代书圣。

受到父亲的影响，王羲之的儿子王献之同样从小爱好书法艺术，王羲之就以自己勤学苦练终成大器的亲身体会教导儿子。一天，当王献之开始临摹父亲的书法时，问父亲有什么秘诀可以速成。王羲之指着院子里的十八只水缸对他说："秘诀是有，速成却不可为。你看，秘诀就在这些水缸里，当你把这十八缸水写完时，自然就知道秘诀在哪里了。"王献之遵循父训，天天从缸里取水磨墨习字，几年下来，这十八缸水果真被他用完了。功夫不负有心人，王献之的书法也有了很大的提高，并最终创造出结构微妙、字体秀丽的"今草"，也成为一代大家，与其父齐名，并称"二王"，又称"小圣"。

天才之所以成功，是因为他们曾经比别人付出过更多的汗水。没有哪一个人不通过勤奋就能获得真正的成功。如果你有天赋的话，勤奋会令你的天赋更出彩；如果你没有天赋，那么勤奋一样会为你带来成功。学习固然需要技巧、方法，但女孩们永远都不要忘记一点：天才的成功来源于勤奋，勤奋是天才的试金石。

揭示财富产生的秘密：勤劳

有哪个家长不希望自己的孩子长大成材？有哪个家长希望看到自己的孩子日后过着穷困潦倒的生活？为人父母，都对自己的孩子有着美好的憧憬，希望他们在社会上能够顶起一片自己的天地。父母的这些愿望，说到底就是希望孩子能够过上富足的生活，这"富足"，首先当然是钱财上的富裕，其次是精神上的充实。

　　要想女孩将来有所成就，那么在她小的时候，父母就应该向她灌输一个道理：所有的成就都来源于勤劳，只有自己双手创造出来的财富才是真正有意义的财富。父母要向女孩揭示财富产生的秘密，那就是勤劳。

　　小克莱门斯的老师玛丽是一位虔诚的基督徒，每次上课之前，她都要领着孩子们进行祈祷。有一天，玛丽老师给孩子们讲解《圣经》，当讲到"祈祷，就会获得一切"的时候，小克莱门斯忍不住站了起来，他问道："如果我向上帝祈祷，他会给我想要的东西吗？""是的，孩子，只要你愿意虔诚地祈祷，你就会得到你想要的东西。"

　　小克莱门斯当时的梦想是得到一块很大很大的面包，因为他从来没有吃过那样诱人的面包。而他的同桌，一个金头发的小姑娘每天都会带着这么一块诱人的面包来到学校。她常常问小克莱门斯要不要尝一口，小克莱门斯每次都坚定地摇头，但他的内心是痛苦的。

　　放学的时候，小克莱门斯对小姑娘说："明天我也会有一块大面包。"回到家后，小克莱门斯关起门，无比虔诚地进行祈祷，他相信上帝已经看见了自己的表情，上帝一定会被自己的诚心感动！然而，第二天起床后，当他把手伸进书包的时候，除了一本破旧的课本，什么也没有发现。他决定每天晚上坚持祈祷，一定要等到面包降临。

　　后来，金头发的小姑娘笑着问小克莱门斯："你的面包呢？"

　　小克莱门斯已经无法继续自己的祈祷了。他告诉小姑娘，上帝也许根本就没有看见自己在进行多么虔诚的祈祷，因为，每天肯定有无数的孩子都进行着这样的祈祷，而上帝只有一个，他怎么会忙得过来？

　　听到朋友的坦白，小姑娘说出了一句影响他一生的话，这句话对任何祈祷者都适用：

　　"原来祈祷的人都是为了一块面包，但一块面包用几个硬币就可以买到，人们为什么要花费这么多的时间去祈祷，而不是去赚钱买面包呢？"

　　小克莱门斯决定不再祈祷，他理解了小姑娘的话中的含义——只有通过实际的工作，才能获得自己想要的东西，而祈祷永远只能让你停留在等待中。"我不要再为一件卑微的小东西祈祷了。"小克莱门斯开始了新的道路。

小克莱门斯长大成人，当他用"马克·吐温"的笔名发表的笔名作品的时候，他已经是勤奋而且多产的作家了。他再没有祈祷，因为在无数个艰难的日子中，他都记着：不要为卑微的东西祈祷！只有自己通过努力和辛勤的汗水换来的收获才是最真实的，也只有勤奋才是通向成功的必由之路。

小克莱门斯不是别人，他就是用自己的辛勤写作换来荣誉的马克·吐温。其实，不论是谁，经济学家、艺术家、科学家……所有成功人士，他们无一例外都是通过自己艰苦的劳动换来最终的荣誉。

女孩们要知道：勤奋，是创造美好未来的唯一途径。

用勤奋把时间留住

1845 年 10 月 31 日，是阿道夫·冯·贝耶尔的 10 岁生日。前一天晚上，贝耶尔就高兴地盘算着：明天爸爸妈妈一定会带自己上街采购各种生日礼物，然后在家里热热闹闹地庆祝一番，或者带自己去痛痛快快地玩一玩。德国人对生日特别看重，小朋友们过生日总是这个样子的。谁知天一亮，父亲照例在早餐后就戴起老花镜伏案攻读，母亲则领着他到外婆家去消磨了一整天，直到黄昏才返回。

贝耶尔对父母亲这样的安排感到很奇怪，也有点儿不高兴，细心的母亲看出了这一点。在回家的路上，母亲边走边开导贝耶尔："我生你时，你爸爸已 41 岁，还是一个大老粗。现在他跟你一样，正在努力读书，明天还要参加考试。我不愿意因为你的生日，耽误他的学习时间。妈妈现在只能尽心尽力，使我们的家庭生活丰富多彩一些。你长大了，可要使我们这个世界更加多姿多彩啊！"

贝耶尔的母亲出身名门，是德国一位著名律师、历史学家的女儿，她见多识广，通情达理，既是贤妻又是良母。她在贝耶尔 10 岁生日时给贝耶尔的这番教诲，成了贝耶尔受用终身的座右铭。贝耶尔在 1905 年 70 岁时获取诺贝尔化学奖之后写的一部自传中回忆说："这是母亲送给我 10 岁生日的最丰厚的礼品。"

贝耶尔的父亲约翰·佐柯白原先是普鲁士总参谋部的一位陆军中将，军阶虽高，文化水平却不高。在军队服役时曾有一位牧师劝告过他，叫他退役后一定要学习，掌握一门科学技术，以便更好地立足于世界。他父亲认为牧师的话很有道理，自己又很热爱自然科学，所以 50 岁退役后便不顾别人笑话，拜师学习地质科学。小贝耶尔 10 岁时，他父亲已 51 岁，正是其苦心攻读地质科学、积极准备应考的第二个年头。父亲的好学上进、勤奋刻苦成为一种无形的力量，给贝耶尔的学习以有力的推动和深刻的影响。

父亲对贝耶尔既严格管教，又时时给予鼓励。1858 年，年仅 23 岁的贝耶尔以出色的论文获得了柏林大学博士学位，父亲特意赶去参加了他的学位授予盛典，向他表示祝贺。因为贝耶尔是取得博士学位的人中年纪最小的一个，盛典结束时校长特别关心地问起他今后的去向。贝耶尔向在座的化学家们扫了一眼，从人群中请出了年轻有为的奥古斯特·贾古拉教授，对校长说："我要追随他！"

贝耶尔年少得志却不自满。他牢记父母的教诲，学习父亲那好学不倦、珍惜时间的精神，几十年如一日地不断向科学高峰攀登，在研究有机染料和氢化芳香化合物方面做出了卓越的贡献，终于在 1905 年获得了诺贝尔化学奖。

伟人、名人视时间为生命，对时间无比珍惜，他们的成功是由于做出了超出常人的努力。时间对每个人都是平等的，谁有紧迫感，谁珍惜时间，谁勤奋，谁就可以得到时间老人的奖赏。

珍惜现在的时间，就要改掉拖沓的毛病，养成立即行动的习惯。那些懒惰的人最喜欢给自己找借口，他们最显著的特征之一就是拖沓，把今天的事情拖到明天，明天的事情又拖到后天，可能还要一直拖下去。这种错过太阳又错过星星的习惯，会消磨人的意志，使人怀疑自己的行为、毅力和目标。

漂亮的鸟儿，不要在天气变冷的时候才去筑巢，那会儿为时已晚，凛冽的寒风会在你还没有把巢筑好的时候就把你冻死；

勤劳的蜜蜂，不要在花朵凋谢的时候才去采蜜，那会儿为时已晚，花粉会飘落在地上，最终你将会因为没有食物而无法飞行；

灵巧的蜘蛛，不要在风雨来临的时候才去织网，那会儿为时已晚，风雨会把你辛勤的劳动成果撕破，你将因此而无处安身；

聪明的女孩，不要在考试的前夜抱怨时间过得太快，没来得及翻书就要进入考场。那会儿为时已晚，等待你的将是残酷无情的结果。

所以，女孩们要从现在开始，抓住身边的分分秒秒，养成珍惜时间的好习惯。

第四章

敢于冒险——勇敢的女孩才能掌控未来

在惊涛骇浪中丰富人生

生活中的每一个角落都存在着风险，即使我们永远扎根在原地不动，但那也不可能保证你的一生风平浪静。

很多人似乎都习惯于"躺在床上"过一辈子，因为他们从来不愿去冒险，不管是在生活中，还是在事业上。但是，当我们横穿马路的时候，实际上总是有着被车撞倒的危险；当我们在海里游泳的时候，也同样有着被卷入逆流或激浪的危险。尽管统计数字表明坐飞机比乘汽车要安全一些，但我们的每一次飞行仍然隐藏着危险。毕竟我们必须依赖于飞机牢固的构造及其良好的性能；如果不是由自己驾驶的话，我们还必须寄希望于飞行员和整个机组。任何地方的旅行也都潜藏着危险，小到丢失自己的行李，大到作为人质，被劫持到世界的某个遥远角落。

自有文字记载以来，危险总是和人类紧紧相连。虽然火山喷发时所产生的大量火山灰掩埋了整个村镇，虽然肆虐的洪水冲走了房屋和财产，但人们仍然愿意回去继续生活，重建家园。飓风、地震、台风、龙卷风、泥石流以及其他所有的自然灾害都无法阻止人类一次又一次勇敢地面对可能重现的危险。

有一句老话叫作"一个人不懂得悲伤，就不可能懂得欢乐"。同样，我们也可以说"没有冒险的生活是毫无意义的生活"。事实上，我们总是处在这样那样的冒险境地，因为我们别无选择。

我们在这个世界上生存，就必须去开拓和探索，这是生存的使命！能在惊涛骇浪中生存下来的人，他的人生一定不同凡响！

谁能用 80 美元环游世界？这在 99％的人听来都觉得是不可能的，但是罗伯特做到了。罗伯特·克利斯朵夫是一位摄像师，在他年轻的时候，他像许多青年人一样，喜欢读科幻小说。当他读完儒勒·凡尔纳的科幻小说《80 天环游地球》后，他的想象力和内心潜在的勇气被激发了。

罗伯特告诉朋友："别人用 80 天环绕地球一周，现在我为什么不能用 80 美元环绕地球一周呢？我相信如果我有足够的勇气，任何地方我都可以到达。

"我想，别的一些人能够在货轮上工作而得以横渡大西洋，再搭便车旅行全世界，我为什么就不能呢！"

朋友笑着说："你的想法太天真了！"

罗伯特没有理睬他们的嘲笑，而是从他的衣袋里拿出笔，在一张便条上列了一个他所能想到的在旅途中将会遇到的困难表，并仔细地记下准备怎么着手解决每个困难。

罗伯特没有拖延一分钟，他开始行动了。

他先和经营药物的查尔斯·菲兹公司签订了一份合同，保证为这家药物公司提供他所要旅行的国家的土壤样品。他又想办法获得了一张国际驾照和一套地图，条件是他提供关于中东道路情况的报告。他四处奔波，让朋友设法替他弄到了一份海员文件，并且获得了纽约警局开具的关于他无犯罪记录的证明。为了旅行，他想得很周全，甚至为自己准备了一个青年旅游招待所的会籍。

最后他又与一个货运航空公司达成协议，该公司同意他搭飞机越过大西洋，只要他答应拍摄照片供公司宣传之用。

只有 26 岁的罗伯特完成了上述计划，他在衣袋里装了 80 美元，便乘飞机和纽约市挥手告别，开始了他 80 美元周游世界的梦想。

在加拿大的纽芬兰岛甘德城，罗伯特吃了第一顿早餐。他不能用他可怜的 80 美元来付餐费，那么他是怎样做的呢？他给厨房的炊事员照了相，大家都很高兴。

在爱尔兰的珊龙市，罗伯特花 4.8 美元买了 4 条美国纸烟。罗伯特深知，在许多国家里纸烟和纸币作为交易的媒介物是同样便利的。

从巴黎到了维也纳，精明的罗伯特送给司机一条纸烟作为他的酬资。从维也纳乘火车越过阿尔卑斯山到达瑞士，罗伯特又把 3 包纸烟送给列车员，作为他的酬谢。

在曼谷，罗伯特向一家极豪华的旅行社经理提供了一些他们急需的信息——一个特殊地区的详细情况和一套地图。他为此受到了像国王一样的招待。

最后，作为"飞行浪花"号轮船的一名水手，他从日本到了旧金山。

罗伯特·克利斯朵夫用 84 天周游了世界，并且他所有的旅资加起来只有 80 美元。

简直不可思议，80 美元兑换成人民币估计还不够某些人一个月的生活费，怎么可能把世界环游一遍？就算不吃不喝，那也撑不下来。但是，罗伯特进行的是如此顺利。难道罗伯特没有想到这一路会有很多可能的风险吗？他想到了，正因为他想到了，所以他才会去冒险，用冒险来给自己的人生加点色加点味。

有些女孩整日躲在挡风挡雨的温室里，恐怕还不知道冒险的滋味吧！冒险可以培养女孩的勇气、适应能力、解决问题的能力，而且还可以收获许多在温室里学不到的东西，冒险是女孩应该选择的活动！

如何培养冒险的能力呢？

自信心，是女孩子成长中特别重要的品质。自信心建立在女孩自我意识成熟的基础上，是自主精神的重要内容。自信心强的女孩，不指望依靠别人的帮助，总是会相信自己的力量，确信自己经过努力一定能够取得进步，有所作为。因此，自信心是一个女孩成长的必要条件。

科学研究表明，一个人要取得成就，除了发展较高的智力外，还要有良好的个性品质，其中最重要的就是独立精神和自信心。大多数在科学领域中有突出贡献的科学家，都具有强烈的自信心。有人问居里夫人："你认为成才的窍门在哪里？"居里夫人肯定地说："恒心和自信心，尤其是自信心。"

至于该如何建立信心，专家认为，要勇于尝试自己最害怕的事情，一旦有了一次成功的记录后，就能增强信心。

克服恐惧，站在最前面

在恐惧笼罩的地方，人是不可能实现任何有价值的成就的。有一位哲学家说过这样一句话："恐惧是意志的地牢，它跑进里面，躲藏起来，企图在里面隐居。恐惧带来迷信，而迷信是一把短剑，伪善者用它来刺杀灵魂。"

在卡耐基用来撰写成功学书籍的打字机前面悬挂着一个牌子，上面用大写字母写下了这样一句话："日复一日，我在各方面都将获得更大的成功。"

一名怀疑者在看到这个牌子之后，问卡耐基是否真的相信"那一套"。卡耐基回答说："我当然不相信。这个牌子'只不过'协助我脱离了我本来担任矿工的那个煤矿坑，并替我在这个世界里谋得一席之地，使我能够协助10万人力争上游，在他们思想中灌输与这个牌子内容相同的积极思想。所以，我何必相信它呢？"

现实生活中，女孩们要把自己逼向绝境，在没有选择的情况下去努力克服你行动的恐惧。

克服恐惧的一个重要方法就是绝不要让别人打消你的积极性。女孩们总是会发现有一些人在劝阻你们不要去冒险，但你们仍然需要有勇气和胆量去实现自己的理想和目标。

很多人害怕成功，害怕成功带来的后果。他们会说："如果我爬上了高层，我就得对下属负起责任。"或者："人们也许会嫉妒我，怀恨在心，甚至在我的背后捅刀子。"或者"要是我如愿以偿地赚到了很多钱，就必须缴纳更多的税款。"等等。

你可能从来没有想过有这样一些不怕冒险的人，他们像孩子一样，玩一种"占山为王"的游戏。当其中一个孩子成为"王者"的时候，别的孩子就想方设法赶他下台。然而当真的下台之后，失败者敢于再次冒险，重新把山头夺回来。

海军上将威廉·哈尔歌引用纳尔逊的一句话作为他的座右铭："舰长要将他的座舰驶在敌舰旁边。"哈尔歌说道："军中有句术语'攻击是最好的防御'，这句话不仅可以使用在战场上，所有的问题都适用，不管是个人的还是国家的，不要想逃避，而要面对它，如此一来问题就会显得小多了。轻轻触摸它，它会刺痛你；大胆握住它，它的刺就碎掉了。"

世界上没有一件可以完全确定或保证的事。成功的人与失败的人，他们的区别并不在于能力或意见的好坏，而是在于相信判断、适当冒险与采取行动的勇气。

我们常常认为勇气仅指战场上、难船上或遭遇危机时的英雄事迹，其实在日常生活里，要想过得有效率，还是需要勇气的。

为此，马尔登建议："彻底研究状况，在心里想象你可能采取的各种行动方向，与每一种可能产生的后果。选择一种最可行的方向，然后放手去做。如果我们一直要等到完全确定之后才开始行动，一定成不了大事。每种行动都可能会有错误，每个决定也都可能行不通，但是我们千万不可因此而禁闭了我们所要追寻的目标。你必须有每天冒险遭遇错误、失败，甚至屈辱的勇气。走错一步永远胜于'原地不动'。你一向前走就可以矫正你的方向；若你抛了锚'站着不动'，没有什么会牵着你走的。"

如果我们有信心而且怀着勇气行动，那么我们成功的可能已经有了50%。

揭穿了有关雷电古老神话的富兰克林是一个勇敢的实践者和行动者。

1752年7月的一天，富兰克林在野外放风筝进行捕获雷电的试验。

他的风筝很特别，用杉树做骨架，用丝手帕做纸，扎成菱形的样子。

风筝的顶端安了一根尖尖的铁针，放风筝的麻绳末端拴着一把铁钥匙。当风筝飞上高空不久，大雨降临，电闪雷鸣。

富兰克林对全身被淋湿毫不在意，对可能被雷击也不畏惧，他全神贯注于他的手。

当头顶上闪电的瞬间，他感到自己的手麻辣辣的，他意识到这是天空的电流通过湿麻绳和铁钥匙导来的。

他高兴地大叫："电，捕捉到了，天啊，电捕捉到了！"

我们纵然有成功的欲望，但不敢冒险，怎么能够实现伟大的目标？

在不确定的环境里，人的冒险精神是最有创造价值的资源。女孩们，如果你想做只金凤凰，那你就必须克服恐惧，敢于冒险！

尝试"不可能"

成功者的字典里没有"不可能"这3个字，在他们眼里，越是不可能做成功的事，越可能成功。一位成功人士说："只要有无限的热情，几乎没有一样事情不可能成功。"

20世纪50年代，索尼公司创始人盛田昭夫和井深大就树立了打造全球性公司和全球强势大品牌的远大目标和宏大愿景。他们意识到，索尼要成长为真正的全球性公司和全球强势大品牌，实现真正的品牌全球化是必须全面突破的关键性难题。

但是，对于创立不久的索尼来说，尽管实现了产品创新和销售业绩上的突飞猛进，索尼还只能算是日本本土上的一个小小的暴发户。那么如何才能使索尼走向世界？有足够大的决心、足够多的勇气甚至不惜冒险是索尼品牌全球化战略必须迈出的第一步。

1953年，盛田昭夫对荷兰皇家飞利浦电子公司进行了考察，已在世界范围内建立起广泛声誉的飞利浦竟然坐落在一个又偏又小的老式农庄里实景，给了盛田昭夫莫大的启发，使他信心倍增，更坚定了把索尼打造成全球强势大品牌的信念。他在给井深大的信中说："如果一个又小又偏的农庄都能建成一个大型、高科技、有全球声誉的公司，就像飞利浦那样，那么索尼在日本也能做得到。"

正是在这种冒险精神的鼓舞下，1953年索尼公司冲破重重险阻和困难，实现了一个名不见经传的日本小公司从贝尔实验室购买晶体管的关键技术的"神话"，在1955年成功推出全世界第一台晶体管收音机，1957年推出第一款便携式晶体管收音机，奠定了索尼在世界电子消费行业的领先地位。

事实证明，"不可能"的事通常是暂时的。当遇到困难时，永远不要让"不可能"束缚自己的手脚，坚持下去，也许"不可能"就会变成可能。

冒险与收获常常是结伴而行的。险中有夷，危中有利。要想有卓越的成果就要敢于冒险。许多成功人士不一定比你"会"做，重要的是他们比你"敢"做。

如果你没有冒险精神，只愿意四平八稳地走在平坦的大道上，那么，你就永远也成不了遨翔蓝天的雄鹰。

一些人之所以一辈子平平庸庸，直到人生的尽头也没有享受到真正成功的快乐和幸福的滋味，就是因为他们安于现状，不敢冒险，不敢走前人没有走过的路。

事实上，当女孩具有一定的冒险精神时，就不会满足于现状，而是敢于进取。这种冒险往往会给你丰厚的回报。

女孩正年轻，一方面要通过学习和实践不断增长智慧，另一方面还要永远保持冒险精神。"谨慎小心"并不是一种优秀的品质，裹足不前、安于现状，只能在当今瞬息万变的社会中被淘汰出局。

有冒险的生活，才有多姿多彩的人生。

有些人喜欢用不可能来给自己找借口，他们总是还没有采取行动时就给自己判了死刑。女孩应该拿出点破釜沉舟的干劲，搬走"不可能"这座大山。恺撒曾证明了一点：凡是我恺撒要做的，就没有做不到的。

主动寻找机会

寻找机遇，不能守株待兔，机遇是一种稀缺的社会资源，如果不主动出击，机遇是不会自动送上门的。

考电影学院是张艺谋生命中一次至关重要的机遇，也是他人生的转折点。张艺谋在这一关键时刻所表现出来的智慧、意志和技巧，颇值得我们沉思。

那是1978年，北京电影学院在停招新生几年后的第一次招生，张艺谋的心一下子热起来，他知道企盼多年的机遇已经来临。但他也意识到，政审可能再次成为他的劫数。可毕竟这是千载难逢的机会，他一定要去试一试。

张艺谋争取到了一次去北京出差的机会，带着自己精心挑选的摄影作品，找到了电影学院的招生办公室。他的作品所表现出来的优秀的艺术素养令老师们大加赞赏，但是，学校规定招生的最高年龄是22岁，而张艺谋当时已经27岁了。制度无情，先是年龄一项就把张艺谋阻挡在门外，张艺谋虽然多方奔走，却毫无结果。

张艺谋失望至极，但仍未绝望，他属于那种只要还有一点可能和机会便会死死抓住不放的人，他要创造自己的命运。当时国内正时兴"读者来信"，提倡"伯乐精神"，强调各级领导要重视和认真对待来自基层的各种意见和要求。张艺谋听从一位朋友的建议，给素昧平生的当时的文化部长写了一封言辞恳切的信，还附带了几张能代表自己摄影水平的作品。最终，信辗转到了部长手中，颇通艺术的部长认为张艺谋人才难得，几经努力，终于使电影学院破格录取了张艺谋。

然而，好事多磨。在张艺谋读完二年级的时候，校方以他年龄太大为由要求他离校。张艺谋意识到，千里马常有而伯乐不常有，不能把自己的命运寄托在伯乐身上。自己已进入而立之年，更应该自己掌握自己的命运。而所谓命运，无非就是机会和抓住机会的能力。他硬着头皮给校领导写了一封态度诚恳的"决心书"，强烈表达了自己要求继续读书的愿望。再加上爱才的老师多方说好话，校方终于同意让他继续上学。在以后的 3 年中，张艺谋的摄影水平突飞猛进。最后终于成为一代名导。

如果张艺谋没有到北京去报名，如果他没有写信给部长，如果他屈从了校方的压力，那么我们今天就看不到许多有艺术价值的名片了。

机遇，有时候游离不定，模糊不清，让人摸不着头脑。这时，只有你主动出击，获得机会垂青的可能性才会多一点。

女孩要如何主动出击找机会呢？

1. 勇于"毛遂自荐"

所谓"世间千里马常有，而伯乐不常有"，要想在竞争如此激烈的社会中脱颖而出，主动去吸引伯乐的注意是有助于获得成功的。再则，岁月不饶人，如果只是一味地孤芳自赏，不把自己的才华尽早展现出来，即便是某一天有幸遇到伯乐，恐怕已是力不从心了。所以，我们在生活中学会"毛遂自荐"是非常重要的。

毛遂自荐，是需要一种勇气和胆识的。不自信的人、害怕失败的人是不敢尝试的。这也造成了一大批平庸无为之人，更成为人才被埋没的一个重要原因。

而有的人敢于这样做，因为他们对自己充满了信心，对自己的事业充满了狂热的爱，因为他们深深知道，好运是等不来的，必须主动去寻找、去争取。

2. 培养对成功的自信

对成功的强烈渴望和追求是在人的成就动机的支配下产生的。

成就动机是一种推动人从事自己认为重要的或有价值的工作，并使之达到某种理想境地的内部力量。

杰出人才对成功的渴望，要比常人强烈得多。

别怕犯错

杰克住在英格兰的一个小镇上。他一直向往着大海，一个偶然的机会，他来到了海边，那里正笼罩着雾，天气寒冷。他想：这就是我向往已久的大海吗？他内心落差很大。他想：我再也不喜欢海了，幸亏我没有当一名水手，如果是一名水手，那真是太危险了。

在海岸上，他遇见一个水手。他们交谈起来。

"你怎么会爱海呢？"杰克问，"那儿弥漫着雾，又冷。"

"海不总是这样的。有时，海是明亮而美丽的。但在任何天气，我都爱海。"水手说。

"当一个水手不是很危险吗？"杰克问。

"当一个人热爱他的工作时，他不会想到什么危险。我们家里的每一个人都爱海。"水手说。

"你的父亲现在在何处呢？"杰克问。

"他死在海里。"

"你的祖父呢？"

"死在大西洋里。"

"你的哥哥?"

"当他在印度的一条河里游泳时,被一条鳄鱼吞食了。"

"既然如此,"杰克说,"如果我是你,我就永远也不到海里去。"

水手问道:"你愿意告诉我你父亲死在哪儿吗?"

"啊,他死在床上。"杰克说。

"你的祖父呢?"

"也是死在床上。"

"这样说来,如果我是你,"水手说,"我就永远也不到床上去。"

只要有所举措,我们就可能犯错,如果要完全避免犯错,那我们就什么也不要做了。

害怕犯错,就什么也干不了

太平洋汽船公司的总经理海涅斯讲过一个例子,证明了一个人如果总是害怕犯错误,是难以成就大事的。他说:"几年之前我到一个大公司总经理的办公室里去谈生意。谈论过程中,他的一个助理研究员给他送来了一份研究报告,这个报告是在这个总经理的示意下去做的。我从来没有见过那么好的调研报告,简直就是一项令人惊叹的奇迹。那个助理研究员把一个很复杂的问题分析得异常精确。他设计了许多种方案,并预计了每一种方案可能带来的结果。他把整个的情况分析得好像玻璃一样清晰透明。我不禁表示出异常的钦佩。"

"令人吃惊吧,是不是?"我的朋友笑着说,"这个人的脑筋比我要好两倍。他几乎能够分析任何一个问题,并能提出非常不错的解决办法,而且,他很文雅,受过良好的训练,人也很可爱,非常有人缘。但是,他永远只能做我的助理。"

"这是为什么呢?"我很惊讶地问。

"因为他不能决断。他可以告诉我做某某事情有6种方法,并且告诉我每种方法可能产生的后果。然而,如果我真正让他自己做决定时,他却办不到。"

海涅斯的话是对的。一个人能够看出 6 种方法，但是，对于任何一种方法都没有要进行下去的勇气，那么，他是不会取得什么大的成功的。

如果女孩总是要等到事情十拿九稳的时候才做出决定，那么你就有可能永远停滞不前。事情弄错是难免的，聪明的人会时刻保持警惕，并且想方设法去预防错误的发生，而不是因为害怕犯错误就什么也不做。

适度冒险

不要害怕犯错，学会适度冒险。每个人都面临着冒险，除非我们永远扎根在一个点上原地不动。

事实上，我们总是处在这样那样的冒险境地。"没有冒险的生活是毫无意义的生活。"我们必须要横穿马路才能走到马路对面去，我们也必须依靠汽车、飞机或轮船之类的交通工具才能从一个地方到达另一个地方。但是，这并不意味着所有的冒险都毫无区别，恰当的冒险与愚蠢的冒险有着明显的不同。

如果你想成为一个生意上的冒险者，如果你渴望成功，你就应该分清这两种类型的冒险之间到底有什么样的差异。有一位功成名就的人这样说："那种只在腰间系一根橡皮绳，就从大桥或高楼上纵身跳下的做法是一种愚蠢的冒险，即使有人很喜欢那样做。同样，所谓的钻进圆木桶漂流尼亚加拉大瀑布，所谓的驾驶摩托车飞越并排停放的许多辆汽车，在我看来，这些都是愚蠢的冒险，只有那些鲁莽的人才会干这种事情。尽管我知道有人不同意我的看法。"

那么，恰当的冒险是什么呢？譬如放弃稳定的收入，而寻求一种富有挑战性的工作，就是一种恰当的冒险。你也许能找到那样的新工作，也许找不到，你也许后悔离开了原来的职位。但是，如果你安于现状，就永远也不会知道是否可以有一个更好的明天。

无论在事业或生活的任何方面，我们都需要恰当的冒险。在冒险之前，我们必须清楚地认识那是一种什么样的冒险，必须认真权衡得失——

时间、金钱、精力以及其他牺牲或让步。如果女孩总是害怕犯错，那么你的日子就会像一潭死水，永远无法激起波澜，永远无法取得成功。

如何去冒险

冒险不是盲目草率的行为，不是瞎闯、蛮干，不是随心所欲，而是要有目标、有计划、有实施方法和步骤的实践活动。冒险必须建立在对客观事物正确分析、判断的基础上，采用科学的冒险方法，否则，就无法成就事业。

冒险的基本方法是确立可行的目标，发挥科学的分析判断能力，积蓄冒险的力量，实施冒险的应变策略，付诸冒险的实际行动。

1. 确立冒险目标

确立可行的目标是冒险成功的前提，是冒险行为的决策基础。没有目标，冒险行为就没有方向，会造成行为的盲目性，导致行为的无效，达不到成功的目的。

在实施冒险的行为之前，要从主观和客观的实际情况出发，根据自己精神、物质、智能、社交等综合实力的具体情况，在对客观事物科学认识和正确分析判断的基础上，确立合情合理、合乎实际和便于实现的事业目标。确立的事业目标不要过高或过低，以免遭到失败或者不能充分发挥主观能动性。基本原则是既能充分利用自己的实力，又能尽快达到成功的目的。

2. 发挥判断能力

冒险必须充分发挥和利用科学的分析判断能力。

在实施冒险行为决策时，要以科学的态度，正确认识客观事物，运用逻辑和形象思维的方法，对冒险行为决策进行分析、判断、推理、比较、综合、概括，对行为决策的可行性和现实性进行科学论证，得出能否实施冒险行为和实现成功目标的正确结论。如果对冒险行为没有做科学地分析判断，就必然要失败。科学分析判断能力是事业冒险成功的保证。

3. 积蓄实力

雄厚的实力是冒险成功的必要条件，如果没有充足的实力，就会使冒险彻底失败。只有积蓄雄厚的实力，才能获得冒险的巨大成功。

在实施冒险实践中，女孩要培养自己优良的心理品质，树立冒险的观念，强化冒险的意识，坚定冒险必胜的信念，锻炼顽强拼搏的意志，为冒险成功积蓄备用的精神力量。

4. 实施冒险应变策略

成功冒险必须采用应变策略。任何一种冒险行为都存在着成功与失败的可能性，为了避免失败和达到成功的目的，冒险必须采用积极的成功应变策略。

在实施冒险行为过程中，必须要洞察利弊，认识时务。要根据客观事物发展的实际情况，恰当及时地调整计划，修订方案，选用技巧、方法、方式，力求有备无患。在主观和客观条件使我们力不从心和无法扭转失败的局面时，必须终止冒险行为，放弃既定的冒险目标，以免造成各种难以挽回的损失。只有积极主动地实施应变策略，才能促使事业冒险成功，实现既定的目标。

5. 实施冒险行动

行动是冒险成功的唯一途径。没有冒险的实际行动，成功就会成为无本之木、无源之水。如果不实施冒险的实际行动，智能实力就得不到实用价值，物质实力就没有充分利用，精神实力就没有发挥的机会。

决策以后，必须敢于冒险，同时要抓住有利时机，充分发挥和利用各种成功冒险的实力，采用科学的冒险方法，当机立断，立即行动，严格执行冒险计划，有效利用时间，努力完成每天的工作任务，沿着既定的目标勇往直前，百折不挠，获得物质和精神财富，达到成功的目的。

冒险不是冒进

也许女孩会问：什么是冒险，什么又是冒进？

冒险是一种经过危险可以得到对自己有价值的东西的行为；而冒进则

是根本不可能得到胜利的行为，或是虽然成功但所得到的东西对自己毫无价值的行为。

每一个成功者都是一个冒险者，他们为了达到自己的目标而勇于冒一定的风险。他们知道世上没有无冒险而获得的成功，否则所获得的肯定不能称其为成功。

但是，每一个成功者，又都不是冒进者，他们在付诸行动前都能客观地分析自己的实力、所面临的困难、所要得到的东西对自己的重要性等，只有凭借自己的能力，经过努力有可能得到自己想要的结果时，他们才去行动。他们绝不会让自己去进行无谓的牺牲。

机遇来临时你要一把抓住它

机不可失，时不再来，这是一个浅显而深刻的道理。抓住了机会，我们就可能乘风破浪，走上成功的巅峰。如果错失了机会，我们就可能与唾手可得的成功擦肩而过，懊悔不已。成功学大师卡耐基曾不无感慨地说："在某种意义上，时机就是一种巨大的财富。"英国人托·富勒也说："抓住机遇，就能成功。"世界著名的石油大王洛克菲勒在谈到他的创业史时，也只说了一句话："压倒一切的是时机。"

在实践活动中，如果女孩能在时机来临之前就识别它，在它溜走之前就采取行动，那么，成功之神就降临了。

每个人都是自己命运的设计师，每个人都是自己命运的建筑师。可以说，人一生的命运就是由一连串的机遇联结而成的。自己的一生是否精彩，关键在于能否抓住这些机遇，实现梦想。

机遇是有情的，你抓住它，它就陪伴你一步步走向成功；机遇也是无情的，你稍有疏忽，它便匆匆弃你而去。

机遇与女孩的发展休戚相关。机遇是一个美丽而性情古怪的天使，倏尔降临在你身边；如果你稍有不慎，又将翩然而去，不管你怎样扼腕叹息，可它杳无音讯，不再复返了。

在这方面，比尔·盖茨堪称女孩学习的楷模。正是由于他和艾伦善于抓住难得的机遇，才使自己的事业获得巨大成功。

比尔·盖茨的父母要盖茨专心读书，以便毕业后找到理想的工作，不让他办公司。最初，盖茨顺从了父母的意愿，去哈佛大学刻苦攻读。但是他感兴趣的还是办公司，于是，他和艾伦开始收集资料。

盖茨和艾伦通过长时间的资料收集和认真思考，确信计算机工业的触角即将伸向市场核心力量——广大的民众。当这一点真正实现时，就会引发一场意义深远的技术革命。他们正处在历史即将发生巨变的关键时刻。正像汽车和飞机发展史上曾经历过的那种关键时刻，他们预见计算机必将走进千家万户。

"计算机的普及化势必到来。"艾伦不停地对盖茨重复这一点。他们如果不能顺应甚至领导这一场计算机革命，就只能被这一革命抛到后面去。由于清醒地意识到了这些，所以盖茨决定开办自己的计算机公司。

当时，艾伦不停地说："让我们开始创办计算机公司吧！让我们开始干吧！"盖茨回忆说："保罗看见技术条件已经成熟，正等着人们去加以利用。他老是说，再不干就迟了，我们就会失去历史赋予我们的机遇。我们将遗憾终生，甚至被后人责备。"

于是，他们考虑制造自己的计算机。艾伦对计算机硬件感兴趣，而盖茨则对计算机软件情有独钟，他认为软件才是计算机的生命。

但很快，艾伦和盖茨放弃了自己动手试制新型计算机的念头。他们决定还是紧紧抓住他们最熟悉的东西——计算机软件。

"我们最终认为搞硬件容易亏损，不是我们可以去玩的艺术，"艾伦说，"我们两人的综合实力不在这上面。我们注定要搞的是软件——计算机的灵魂。"

盖茨和艾伦创办了微软公司，并取得了辉煌的成就。事实证明，这一切都是他们善于抓住身边机遇的结果。

　　盖茨和艾伦看到了面前的机遇，并且牢牢地抓住了它，为此，他们不惜停止了学业，以实现梦想。

　　女孩们，时机的把握甚至完全可以决定你们是否有所建树，那么你们应该做的就是：抓住每一个成功的机会，哪怕那种机会只有万分之一。

第五章

合作分享——为女孩增添成功的砝码

我们需要与别人合作

北美有一种生存时间最长、最具生命力的植物——红杉。它之所以生命力如此顽强，就是因为它们的生存隐含了一种"团队合作"的力量。这种力量坚不可摧！

美国加州的红杉，其高度大约是 90 米，相当于 30 层楼高。

科学家深入研究红杉，发现许多奇特的事实。一般来说，越高大的植物，它的根理应扎得越深。但科学家却发现红杉的根只是浅浅地浮在地面而已。理论上，根扎得不够深的高大植物是非常脆弱的，只要一阵大风，就能将它连根拔起。可红杉又为何能长得如此高大，屹立不倒呢？

研究发现，红杉必定生长在一大片的红杉林中，并没有独立生长的红杉。这一大片红杉彼此的根紧密相连，一株接着一株，结成一大片。自然界中再大的飓风，也无法撼动几千株根部紧密连接、占地超过上千公顷的红杉林。除非飓风强到足以将整块地皮掀起，否则再也没有任何自然力量可以动红杉分毫。

红杉的浅根，正是它能长得如此高大的利器。它的根浮于地表，方便快速而大量地吸收赖以生长的水分，使红杉得以迅速生长，同时，它也不需耗费能量，像一般植物扎下深根，用深根的能量来向上生长。

既然连植物都用"合作"增强生命力，为什么人类就不可以呢？成功不能只靠自己的强大，还需依靠别人，只有帮助更多人成功，女孩自己才能更成功。

作为社会中的一员，谁也不能总是单独行动，有些事情靠一个人的力量是无法完成的。因为，每个人的能力总是有限的。

有些人精力旺盛，认为没有自己做不到的事。其实，精力再充沛，个人的能力也还是有一个限度的。超过这个限度，就是人所不能及的，也就是你的短处了。

每个人都有自己的长处，同时也有自己的不足，这就要与人合作，用他人之长补己之短，养成合作的习惯。

给大家讲一个故事：

从前，有两个饥饿的人得到了一位长者的恩赐：一根鱼竿和一篓鲜活硕大的鱼。于是，一个人要了一篓鱼，另一个要了鱼竿，之后他们便分道扬镳了。

得到鱼的人就用干柴搭起篝火煮起了鱼，他狼吞虎咽，还没有品出鲜鱼的肉香，转瞬间，连鱼带汤就被他吃了个精光，过了一段日子，他便饿死在空空的鱼篓旁。

另一个人则提着鱼竿继续忍饥挨饿，一步步艰难地向海边走去，可当他已经看到不远处那蔚蓝色的海洋时，已经用尽了浑身最后一点力气，最终只能眼巴巴地带着无尽的遗憾撒手人间。

又有两个饥饿的人，他们同样得到了长者恩赐的一根鱼竿和一篓鱼。只是他们并没有各奔东西，而是商定共同去找寻大海。他俩每次只煮一条鱼，他们经过长途跋涉，来到了海边，从此，两人开始过上以捕鱼为生的日子。几年后，他们盖起了房子，有了各自的家庭、子女，有了自己建造的渔船，过上了幸福安康的生活。

这个故事告诉女孩，在面临困境时，无论你的眼光是短浅还是长远的，往往依靠自己一个人的力量很难能够摆脱困难。只有合作，产生一种合力，才能取长补短，进而帮助你渡过难关，最后获得成功。

有时，人们总在感叹为什么自己的付出没有得到等量的回报，实际上并不是你的付出不够多，而是你忽略了与别人的合作。合作往往能产生意想不到的结果，而这一点却总是被人们忽略。

三个和尚在破庙里相遇。"这庙为什么荒废了?"不知是谁提出了问题。

"必是和尚不虔诚，所以菩萨不灵。"甲和尚说。

"必是和尚不勤，所以庙产不修。"乙和尚说。

"必是和尚不敬，所以香客不多。"丙和尚说。

三人争执不下，最后决定留下来各尽所能，看看谁能最成功。

于是甲和尚礼佛念经，乙和尚整理庙务，丙和尚化缘讲经。果然香火渐盛，庙宇也恢复了昔日的辉煌。

"都因我礼佛虔心，所以菩萨显灵。"甲和尚说。

"都因我勤加管理，所以庙务周全。"乙和尚说。

"都因我劝世奔走，所以香客众多。"丙和尚说。

三人日夜争论不休，庙里的盛况又逐渐消失了。

这是大家一眼就能看出的道理，庙宇香火渐盛的原因，正是他们三个人的合作! 可惜的是，三人到最后分道扬镳也没有搞清楚这个简单的道理。

学会与别人合作

今天的时代也是市场经济时代，市场经济是广泛的交往经济，离不开与各种类型人的合作;今天的时代也是竞争时代，只有选择合作，才能成为最具竞争力的一族。

为了成功，就必须联合他人。

如果女孩能将个人与其他人做适当的搭配组合，相辅相成，便可收到良好的"相乘功效"。

下面为你介绍5条与别人合作的原则，它能帮助你无论在什么位置都能成为"令人赞叹佩服、乐于追随"的成功人物。

第一条原则，做每一件事情，都要符合人性的要求。为此，至少要做到两点：一是抱着"真情、友爱"的处世态度；二是把这种态度随时随地付诸行动，同时还要戒除对人苛刻冷漠、与人斤斤计较、与人争得头破血流的陋习。

把真情和友爱渗透到每一件事情当中去，就能产生成功所需要的一切。

第二条原则，多贡献，多施予。一个人的成就，大致上是与他的施予成正比的。成功的人都是慷慨施予的人物。那些肯大力布施、慷慨奉献的人物往往受益匪浅。然而苛刻、自私、吝啬的人却无法办到这一点。

第三条原则，要使你周围的人觉得他们自己很重要。如何使别人觉得他很重要？请你记住这项基本原则：人们都渴望感到"他们是你生活的一部分，在你心目中占有一定分量"。如果能满足这项要求，你就能轻易获得他们的赞美、尊敬，以及通力合作的回报；而当人们感觉到被其他人排除在外时，往往会显得漫不经心，转而采取对立的态度与行动。行之有效的办法就是，你可请求别人帮你一些忙，使他们觉得自己很重要。

第四条原则，要以平易近人的方式说话。平易近人是最好的沟通技巧，以这种方式说话是影响人最有力的武器。

说话者有两项基本职责。一是要说出必要的知识；二是吸引对方的注意力，把对方吸引住。

第五条原则，要能替人保守秘密。替人保守秘密，正是你赢得对其他人的影响力的重要方法之一。

第一，朋友一旦深知"他们所告诉你的事情，都会就此停住，不再流传出去"以后，就会对你更亲切、格外关照。

第二，他们认为你是很可靠、很值得信任的人，一旦获得什么消息，就会自动告诉你。

别人对你的忠诚，通常与你的保密能力成正比。

能够合理地掌握以上 5 项原则，你就能寻找到值得信赖的合作伙伴，这样一来，对你的人生将有很大的帮助。

女孩们要努力学会与别人合作，而且要学会与不同的人合作。

合作不应该有局限性，实际上任何人都应是合作的对象。合作，不仅指家人之间的合作、亲戚之间的合作、朋友之间的合作、同事之间的合作，还指个人与企业或其他组织之间的合作，与本地区的合作，跨地区、跨省甚至跨国的合作。合作的范围越广，合作的境界越高，生存的空间越大，获取的能量就越大。

很多人进入了一个误区，只愿意与亲戚、朋友合作，凭着自己的好恶取舍合作，这是一般人有意无意奉行的原则。依此原则行事，你的合作圈就大大缩小了，机遇光临的概率也必然大大减少。那种特别对你的脾气，特别合你的胃口的人，实在是太难找了。在社会这个大环境中，什么样的人都可以成为合作的对象。因此，必须学会跟各式各样的人合作。

俞伯牙与钟子期的知音式合作当属上乘，可是更多时候都是非知音的合作，普通人与普通人的合作，甚至有时还会是对手与对手的合作。要学会跟任何人合作，才算合作能力强。

当然，合作类型是各式各样的。有全局性合作、有局部性合作，有长期性合作、有短期性合作。有时为了办好一件事而与人合作，在这件事情上跟他合作，并不是整个事业都与他合作。这种合作，哪怕双方在一些观念、信仰等方面有重大差异都不要紧。善于与各式各样的人合作，特别是善于与差异极大的人合作，这是发展大事业的需要。

"合作"是女孩面对的一个现实问题。现在，合作呈现多元化趋势，已不再局限于与你身边的人合作，必要时还要与不同肤色、不同文化、不同信仰的人进行合作，所以，从现在开始，女孩就要有意识地培养自己与别人合作的能力。

相互包容是合作的前提

每个人的性格、习惯都不尽相同，合作团队中的成员更是如此。大家有着共同的目标，却有着不同的行事习惯和风格，彼此之间往往会有诸多或大或小的摩擦，要想与合作对象顺利地达到目标，对于合作尺度的把握应该是比较巧妙的。相互包容是合作的前提。

一个宽容的人，能够对那些在意见、习惯和信仰方面与自己不同的人表示友好与接受。宽容最能够表现出一个人的耐心、谦恭、明智与深谋远虑，通过敞开心胸接受新观念和新资讯，往往可以使自己的知识更丰富，个性更完善，更具想象力。如果一个人只会封闭自己，那就无法接触到更多的信息，以及思想的不同层面。如果我们乐于接受新的观念，乐于对不同的声音表现出容忍、谅解与友善，那么我们就能不断地提升思维能力。

一天，刘邦在洛阳南宫边走边观望，只见一群人在宫内不远的水池边，有的坐着，有的站着，一个个都是武将打扮，互相交头接耳，像是在议论着什么。刘邦好生奇怪，便把张良找来问道："你知道他们在干什么吗？"

张良毫不迟疑地答道："这是要聚众谋反呢！"

刘邦一惊："为何要谋反？"

张良却很平静："陛下从一个布衣百姓起兵，与众将共取天下，现在所封的都是以前的老朋友和自家的亲族，所诛杀的是平生自己最恨的人，这怎么不令人望而生畏呢？今日不得受封，以后难免被杀，朝不保夕，患得患失，当然要头脑发热，聚众谋反了。"

刘邦紧张起来："那怎么办呢？"

张良想了半晌，才提出一个问题："陛下平日在众将中有没有最恨的人呢？"

刘邦说："我最恨的就是雍齿。我起兵时，他无故降魏，以后又自魏降赵，再自赵降张耳。张耳投我时，才收容了他。现在灭楚不久，我又不便无故杀他，想来实在可恨。"

张良一听，立即说："好！立即把他封为侯，才可解除眼下的人心浮动。"

刘邦对张良是极端信任的，他对张良的话没有提出任何疑义，立即封雍齿为什邡侯。见雍齿也被封侯，那些未被封侯的将吏一个个都喜出望外："雍齿都能封侯，我们还有什么可顾虑的呢？"

事情真被张良言中了，危机就这么轻易地被化解了。

刘邦的这次论功封赏，体现了战争中以地位作用高低论功，在发现由此出现的一些矛盾后，又能以宽容为怀，化解矛盾，这种方式既保证了自己队伍中骨干积极性的发挥，又能让队伍的基本稳定，的确是高明之举。

人与人之间有时候因为某些利益方面的问题而产生矛盾，在矛盾面前，若能够有较大的气量，以宽容的态度去对待别人，将心比心，就会在时间的推移过程中，逐渐改变对方的态度，使矛盾得到缓和。一旦与他人产生矛盾，受到他人错误对待，应该有"单恋"的精神。不因对方对待自己态度上有错而改变自己初时的热情和真诚，始终不渝地以友好的感情对待对方。有了这种"单恋"的态度，便能唤起对方的醒悟与行动反馈。

要与他人合作得好，就必须做到不苛求合作者（当然，这并不是说对合作者一味地无原则迁就），不吹毛求疵，多一点宽容忍让，做到勿以小恶弃人大美，勿以小恶忘人大恩，让合作者感到他合作的环境和谐、融洽，这样的合作能更加牢固、长久。

相互包容可以使人去除芥蒂与隔阂，以更坦荡和明朗的心怀面对彼此。相互包容可以促进大家的合作，使合作的效益达到最大化。

步入社会，女孩们要与各种各样的人接触、交往、合作。合作就要相互包容，在合作中发现他人的优点和长处，将之吸收过来，转变为自己的优势，并将这一优势发挥得淋漓尽致，这才是合作的本领。

掌握"借力"发挥的技巧

在社会中生存，一个人总会显得势单力薄，如果你能够借助他人的力量，学会借力发挥出能量，把别人的优势转变成自己的强项，那么，女孩在做事时将会如鱼得水。

战国时，魏国的信陵君为人忠厚、讲仁义。他的门客达到三千多人。其中有一位门客叫侯生，本是屠户出身，其才平平，其貌庸庸，受到其他门客及家人的嘲弄与鄙视。而信陵君以士之礼待之，一视同仁，毫无嫌弃和厌恶之感。相反，还能尊重他的意见，成全他的要求。公元前248年，秦国围攻赵国都城邯郸，赵王数次遣使向魏求救。魏王怕引火烧身而不敢发兵，但是在各国一片合纵抗秦的呼声之下，又不能对邻居见死不救。他只好派大将晋鄙率领十万人象征性地救援，虽大造声势，实则驻军于邺下，停滞不前。

信陵君多次请求魏王催促晋鄙进兵，魏王不听。他一怒之下，带领自己的一千多门客准备与秦军决一死战。临别找侯生，侯生却一反常态，对信陵君的此行无动于衷。一怒之下，信陵君行出数里，可是越想越不对劲，于是就想回头问个明白。

原来侯生使的是欲扬先抑之计，他故作冷淡，使信陵君诧异，然后再提出自己的意见。侯生指出这样的行动无异于以卵击石，与其铤而走险，不如偷来兵符，操纵军队。最后在好友朱亥的帮助下，终于盗得了兵符，操纵军权。信陵君手握兵符传令全军："父子俱在军中者，父归；兄弟俱在军中者，兄归；独子无兄弟者，回家赡养父母；有疾病者，留下治疗。"这一成人之美的命令深得人心，除去按命令留下的人外，剩下八万精兵及一千余门客，个个斗志昂扬，最后大败秦军。

信陵君的成功并非偶然，他的仁义使他在遇到困难时，有很多人愿意提供帮助，甚至为他拼死卖命。其中的道理，就是借脑思考。光靠单枪匹马闯天下，在现代社会难有作为。借力时，要遵循以下步骤。

1. 与有影响力的人做朋友。应该随时留心周围人的品格、能力及其影响力，要用真心去交朋友。为了赢得他人的真诚相助，你必须先付出真心，人心都是肉长的，你持续不断地付出总会有所回报。

2. 谋求别人的帮助。别人能否帮你的忙，还看你平时表现如何。所以要求你与人交往时，目光放远些，不因利小而不为，亦不因利大而为之。如果你与对你有所帮助的朋友发生了不愉快，你应首先谅解他。平时的基础打好了，到关键时刻自然"得来全不费工夫"了。你待人好，人家对你自然有真心，关键时刻帮助你一把也在情理之中。

这是信陵君借助门客的谋略取胜的例子。生活中，我们还常常遇到借助别人的资本来做事以达成功的事情。

在女孩向着一个目标前进时，你并不是孤立的个体，身边有许许多多的力量可供你借助。在你才思枯竭时，可以借助别人的谋略；在你金钱匮乏时，可以借助别人的资本；在你知识不足时，可以借助别人的智慧。

"借力"并不是女孩"无力"之下的无奈之举，而是"成事"的智慧之道。

合作才能共赢

合作是指两个或两个以上的个体为了实现共同目标或者共同利益，而自愿地结合在一起，通过相互之间言语和行为的配合与协调，从而实现共同目标，最终个人利益也获得满足的一种交往活动。

大凡明智的人都懂得联合起来改变自己的命运，历史上六国联合抗秦，都得互保，而联合一旦破裂，就都被强秦所灭。香港两大富豪李嘉诚和包玉刚的联合可谓成功经典，包玉刚帮助李嘉诚控股和记黄埔，李嘉诚帮助包玉刚登陆九龙仓。在协同合作的情况下，可以创造出 $1+1>2$ 的效果，这样明显的道理，一旦被掌握和运用，就能产生巨大的推动力，让应用它的人获得成功。

　　史蒂芬是一位演员，刚刚在电视上崭露头角。他英俊潇洒，很有天赋，演技也很好，开始扮演小配角，现在已成为主要角色演员。从职业上看，他需要有人为他包装和宣传以扩大名声。因此他需要一个公共关系公司为他在各种报纸杂志上刊登照片和文章，增加他的知名度。

　　不过，要建立这样的公司，史蒂芬拿不出那么多钱来。偶然一次机会，他遇上了 Rose。Rose 曾经在一家很大的公共关系公司工作了好多年，她不仅熟知业务，而且也有较好的人缘。几个月前，她自己开办了一家公关公司，并希望最终能够打入公共娱乐领域。到目前为止，一些比较出名的演员、歌星、夜总会的表演者都不愿同她合作，她的生意主要还只是靠一些小买卖和零售商店。当史蒂芬把他的想法告诉 Rose 后，Rose 与他一拍即合，与他联合干了起来。

　　史蒂芬成了 Rose 的代理人，而她则为他提供出头露面所需要的经费。他们的合作达到了最佳境界，史蒂芬是一名英俊的演员，并正在时下的电视剧中出现，Rose 便让一些较有影响的报纸和杂志把眼睛盯在他身上。这样一来，她自己也变得出名了，并很快为一些有名望的人提供了社交娱乐服务，他们付给她很高的报酬。而史蒂芬不仅不必为自己的知名度花大笔的钱，而且随着名声的增长，也使自己在业务活动中处于一种更有利的地位。

　　合作是件快乐的事情，有些事情人们只有互相合作才能做成。史蒂芬和 Rose 通过彼此合作，弥补了个人能力的局限，最终促成了双赢，这就是合作。

　　一个出色的球队，并不是几个大腕球星就能支撑起来的，取得好的成绩还需要整个团队的合作。

　　一堆沙子是松散的，可是它和水泥、石子、水混合后，却比花岗岩还坚硬。

　　所以说，女孩在学习和工作的过程中，只有时刻保持合作的意识，才能取得更大的成绩，从而开拓自己的辉煌人生。

第一，女孩要在思想里有自主合作的意识。

合作意识是个人意愿、感觉、情感、思维等过程的心理总和，主体意识、情感意识、参与意识是合作的重要因素，如果合作有意义，个人的行为、成功与荣耀与集体息息相关，个人成功与团体的成功同样重要时，个人就会意识到合作的价值。

独木难成林，一个人的力量总是有限的，即使像诸葛亮一样的人物，失去了精兵良将，也只能提着心唱空城计。

所以说，每个人都要有合作的意识，要有合作的态度，不能依仗着自己的能力，演绎单枪匹马的个人英雄主义，而轻视团体中其他人的作用。

第二，寻找可以互补的合作者。

水桶的容积不取决于最长的木板，而被最短的木板限定。合作也是如此，一个团体能够取得多大的成绩，也决定于最弱的那个环节。

《三国演义》中，刘备创业初期，手下能征惯战的武将有很多，让曹操羡慕得不得了，可是刘备连安身之地也没有，就是因为缺少运筹帷幄的军师。如果他没有三顾茅庐请孔明，即使招引了更多猛将，也是徒劳的。

所以说，女孩在选择合作伙伴的时候，一定要请与自己能力互补的朋友参加。合作像是齿轮组，互相咬合在一起才能彼此带动，如果只是重复叠加，合作本身的内聚力就发挥不出来，效果也会大打折扣。

合作是一个共同提高的过程，并不是简单置换的闹剧。我们只有从合作伙伴身上找到自己的弱点，并弥补弱点，才能提高自身生存的本能，合作才会变得有意义。

第三，重视与合作伙伴沟通。

一个人的思维是有限的，集思广益才是合作的精髓。我们在合作的过程中，要敢于发表自己的意见，也要虚心听取他人的想法。只有这样，才能将大家的力量集中在一起，战胜我们面前共同的困难。

善于合作是一个人谋求发展的永恒主题，要有心与人合作，善假于物，那就要取人之长，补己之短，而且能互惠互利，让合作的双方都能从中受益。

在团结中合作

合作精神是时代呼唤的主旋律。一个人如果不能学会合作之道，必然会走向孤独。社会越发展，越离不开许许多多人的精诚合作。那种一意孤行、天马行空的道路是行不通的。

一个人只有融入一定的团体，才能把外界的力量转化为自身的力量，一个人的价值也只有在团队中才能体现得更充分。如果没有协作精神，那么就很难显露自己的优秀。

在1985年的美国职业篮球联赛中，洛杉矶湖人队曾是一个最被看好的球队，它的球员都是最优秀的。但它在决赛时输给了波士顿凯尔特队。湖人队一蹶不振，所有的球员感到极为沮丧。在1986年的美国职业篮球联赛开始之前，湖人队仍没有从失败的阴影中走出来。教练派特·雷利为了让湖人队重振雄风，告诉球员每个人都已经很优秀，如果能在相互配合上进步1％，便会取得令人满意的好成绩，便一定能登上冠军的宝座。1％的进步似乎是微不足道的，可是如果12个球员在配合上进步1％，球队的整体实力最少也能比以前进步12％。经过苦练，球员的协作精神被充分地挖掘出来，在这一年的美国职业篮球联赛中，湖人队势不可挡地夺得了冠军。

独木不成林，单人难成事。人生中处处离不开合作。一项发明，往往是许多科学家相互协作的结晶；一项技术，总是一个研究所的人共同协作的成果；甚至完成一份报告，也少不了别人的帮助。学会合作，才会更好地完成目标；学会合作，会更加快速地走向成功。不要认为与他人合作就是一种不自立的表现，学会合作意味着你学会了走向成功的另一种方法。

　　廉颇和蔺相如都是战国时期赵国的大臣。廉颇英勇善战，曾领兵攻打齐国，立下赫赫战功，被拜为大将。蔺相如原来是赵国一位宦官头目家中的门客。有一次秦昭王带着国书，向赵王索取价值连城的"和氏璧"。蔺相如奉命入秦，在秦王面前据理力争，怒发冲冠，终于保全了和氏璧，使之归还赵国。公元前 279 年，他随赵王到渑池与秦王相会，维护了赵国的尊严，使秦国没有赚到便宜。由于他在强大的秦国面前表现出的大智大勇，赵王便封他为相国，职位在廉颇之上。蔺相如地位的变化，使廉颇愤愤不平。廉颇认为自己有攻城野战之功，而蔺相如却只有口舌之劳，因此扬言："不愿意与蔺相如同朝为官。有朝一日见到他，非给他点颜色看看不可！"廉颇存心当众羞辱蔺相如，好摆一摆自己的老资格。蔺相如对这位老将军却是一再忍让，不同他计较。

　　有一天，蔺相如带着随从人员外出，没想到冤家路窄，老远看见廉颇骑着战马威风凛凛地迎面过来，蔺相如忙退到小巷里躲避。这一来，在蔺相如手下做事的人都感到没面子，认为他怯懦胆小，纷纷要求离去。蔺相如留住大家，心平气和地对他们说："诸位看廉将军和秦王相比，究竟哪一个厉害呢？"大家说："当然是秦王厉害。"蔺相如又说："秦王虽然强大威风，而我却敢在秦国朝廷上当面斥责他，羞辱他的大臣。我虽然无能，也不至于害怕廉将军吧！但我想，强横的秦国之所以不敢对赵国动用武力，是因为他们知道赵国文有我蔺相如，武有廉颇将军罢了。我们之间如果闹不合，两虎相斗，必有一伤，这时秦国就会乘虚而入，造成亲者痛、仇者快的结局。我之所以对廉将军一再忍让，完全是以国家的危难为重，不计较个人的恩怨啊！"

　　这些话传到了廉颇那里，廉颇十分感动，羞愧难当。他立刻脱下上衣，背着荆条，主动上门请蔺相如责罚自己。蔺相如一见老将军负荆请罪，赶忙把他扶起。于是两人言归于好，同心协力保卫赵国。在渑池之会以后整整十年，秦国一直不敢对赵国发动大的攻势。

人与人之间的交往，就是要在相互理解的基础上团结合作。一个人的力量是有限的，只有和大家一起合作才能成大事。在人的成长过程中，要参加许多团队活动，与人合作，这是一种交往的动态活动，这种活动让人产生某种共享双赢的体验。

每个人都不是一座孤岛

晓西是一个性格内向、不合群的初中生，她从来不与同龄的朋友或者同学一起玩，上课时也不愿意举手发言，如果老师提问时问到她，她总是紧张得说不出话来。同学们在一起开心地玩时，她就缩在旁边不出声，一副郁郁寡欢的样子。她总是喜欢独自待在家里，一个人做事。即使在想出去玩的时候，也不要父母陪着她一起出去。班上开展集体活动时，她更是自己一个人躲得远远的。

晓西的性格比较孤僻内向，是什么原因让她形成了这样的性格呢？她家住在一栋高层的公寓楼里，周围没有和她年龄相仿的同学，爸爸妈妈忙于工作，常常把她关在家里。久而久之，她就变得孤僻不爱说话，对周围的人产生不信任感，很少向父母、老师及同龄人打开心扉。

阳阳是晓西的同学，是一个性格比较外向的女孩，她善解人意、乐于助人，比较善于与同学交往。她在音乐方面有一定的特长，平时爱唱歌，那优美的旋律时时打动着同学们。她英语也很不错，还担当他们班的英语课代表，同学们都愿意与她交流。

当女孩身边有这样两个同学：一个胆小、怯懦、自卑，不愿与人接触，孤立自己；一个自信、勇敢、大方、阳光快乐，你更喜欢哪一个呢？肯定是后者。既然选择了后者，那你为什么不能选择在现实中勇敢地走入集体、伙伴中间呢？这不仅能使你的生活变得丰富多彩，还能让你在与不同的人交往接触的过程中，使自己的性格变得开朗、宽容，对外界环境的变化具有更强的适应能力。

相反，你越是把自己孤立起来，就越变得自卑多虑，在一个人的世界里你怎会快乐？由于离群索居，人际关系不良，内心经常处于孤单寂寞的状态。取得成绩时，没有人与你分享快乐；受到打击时，没有人为你分担痛苦，你自己就像是漂流在茫茫大海中的一叶孤舟，慢慢地被人遗忘。走出自己的小世界，广泛地与周围的同学、朋友交流，只有在集体中你才能感受到生命的活力，得到真正的快乐。

那么如何融入集体呢？

首先，女孩可以从主动与同学打招呼做起，每天都能主动与同学愉快地聊天。如果能逐渐养成这些习惯，说明你已经开始摆脱困扰你的孤独感了。

其次，女孩可以多参加学校或班集体的活动。只要一有机会，就参加班集体或同学自发组织的各种各样的文艺、体育、娱乐、社交活动，广泛参加各种活动，才能活跃情绪，孤独感就会在不知不觉中消失。也只有多参加各种活动，才能缩小你与同龄伙伴之间的差异。

再次，学会主动关心别人。有的人对别人的事不闻不问，毫无热情，这种冷漠的态度正是孤独性格的孪生兄弟。你对别人冷漠，别人也对你冷漠；冷漠导致疏远，疏远又导致感情上的距离和裂痕，这样你怎能不孤独呢？

因此，要体贴别人，善于在别人需要帮助时主动给予帮助，对于同学、朋友要经常给予注意和关心。你如能主动伸出友爱之手，你的手就会被无数友爱之手握住。那时，又怎会感到孤独呢？

最后，还要有自己的朋友圈子。在与别人的交往中要多交几个知心朋友，在这种充满友情、有着共同兴趣和志向的集体中，你不仅不会感到孤单，而且还能从不同的人身上学到不同的东西。学会与不同的人交往，培养更活泼开朗的性格。

女孩们，在青少年时期一定要大胆地敞开你的心扉，迈开你的双脚，走到集体中去，走到同学中去；伸出你的双手，付出你的爱心，架起心灵沟通之桥，你将收获一种好性格，同时收获多彩的人生。

女孩要善于与人合作

每个人都有自己的长处，同时也有自己的不足，这就要与人合作，用他人之长补己之短，养成合作的习惯。

人的性格和能力是有差别的，这些差别是长期养成的，不能说哪一种类型就一定好，哪一种类型就一定坏。正是这些不同，每个人所能从事的工作性质就不一样。要想有所作为，首先得明白自己的性格和能力，然后选定一个适合你自己的目标。在与人合作时，也应注意分析别人的性格特点，尽可能使每个人都能找到适合于自己的事情。

只有充分发挥自身优势并能利用他人的优势来弥补自己不足的人，才会在今天的社会中取得成就。现代社会是一个充满竞争的社会。"物竞天择，适者生存"，可以说，竞争是无处不有、无时不在的。竞争者与合作者作为竞争与合作的主体及对象，与竞争合作相伴而生、相伴而灭。

合作与竞争看似水火不相容，其实不然，合作与竞争有许多相通的地方。合作与竞争，可以说伴随着人类社会的出现而同时出现。合作与竞争不仅没有削弱、消亡，相反，随着时间的推移和社会的进步，合作与竞争的趋势在增强。而且，随着人类生存空间的不断拓展，交往范围的不断扩大，人与自然斗争的不断深化，科技的不断发展，合作与竞争的联系也在日益加强。

在知识经济时代中，高科技的发展水平和发展速度已经超出了人们的想象，通讯、交通等的发展使人们之间的沟通与交流变得空前容易，不论是国与国之间、组织与组织之间，抑或是具体的个人之间，竞争与合作已经成为不可逆转的大趋势。在这样的一个时代里，进行交流与合作的成本将大幅度降低，而效率则将大幅度提高。实际上，封闭的个人和孤立的企业所能够成就的"大业"将不复存在，合作与团队精神将变得空前重要。缺乏合作精神的人将不可能成就事业，更不可能成为知识经济时代的强者。人们只有承认个人智能的局限性，懂得自我封闭的危害性，明确合作精神的重要性，才能有效地以合作伙伴的优势来弥补自身的缺陷，增强自身的力量，才能更好地应付知识经济时代的各种挑战。

今天，在强调个性、自我的时候，更应当强调合作。抱团打天下，是时代的鲜明特征。哪怕是最讲究个性的创新活动，也离不开合作，合作能力直接决定着创新的成效。Windows2000 的研发，有超过 3000 名开发工程师和测试人员的参与，写出了 5000 万行代码。没有高度的合作精神，没有全部参与者的分工合作，根本不可能完成。没有合作，就不能做成大事。

今天的时代是竞争时代，女孩只有选择合作，才能成为最具竞争力的一族。

第六章

积极向上——好心态的女孩有好运

不为打翻的牛奶哭泣

一位智者挑着几坛酒行路。突然，"哐当"一声，一个酒坛落到地上，碎了，酒流了一地。智者却未回头，仍然赶路。有人问他为何不转身看看，智者一笑："坛已破，酒已去，回头何益？"

"不要为打翻的牛奶而哭泣。"这句话很普通，却包含着深刻的智慧，这是人类经验的结晶，是世世代代传下来的。即使你能读尽各个时代很多伟大学者所写的有关忧虑的书籍，也不会看到比此句更直达根本也更有用的老生常谈了。

莎士比亚曾说："聪明的人永远不会坐在那里为他们的损失而悲伤，却会很高兴地去找出办法来弥补他们的创伤。"

荷兰阿姆斯特丹有一座15世纪的教堂遗迹，里面有这样一句让人过目不忘的题词："事必如此，别无选择。"

命运中总是充满了不可捉摸的变数，如果它给我们带来了快乐，当然是很好的，我们也很容易接受。但事情却往往并非如此，有时，它带给我们的会是可怕的灾难，这时如果我们不能学会接受它，而让灾难主宰了我们的心灵，那生活就会永远地失去阳光。

当女孩们读历史和传记并观察一般人如何渡过艰苦的处境时，一定会很羡慕那些能够把忧虑和不幸忘掉，并继续过着快乐生活的人。

许多事，如考试失利、失恋、失业，我们是无法逃避的，也是无所选择的。我们只能接受已经存在的事实并进行自我调整，抗拒不但可能毁了自己的生活，甚至会使自己精神崩溃。因此，人在无法改变不公和不幸的厄运时，要学会接受它、适应它。

面对不可避免的事实，我们就应该做到像诗人惠特曼所写的那样：

让我们学着像树木一样顺其自然，

面对黑夜、风暴、饥饿、意外等挫折。

直面现实，并不等于束手接受所有的不幸。只要有任何可以挽救的机会，女孩们就应该奋斗！但是，当我们发现情势已不能挽回时，我们最好就不要再思前想后，拒绝面对，要坦然接受不可避免的事实。唯有如此，才能在人生的道路上掌握好平衡。

悔恨对你来说毫无用处，该逝去的去了，你若不积极动起来，恐怕会失去得更多，毕竟覆水难收，站起来面对未来，你依然是一个站着的人。有位智者说过，如果谁从没有后悔过，那他就是一个圣人了。

那么，女孩要如何面对悔恨呢？

1. 写下后果，告诉自己"事已如此，无可挽回"。以此为鉴，把握当下。

2. 及时向他人承认失误，以求谅解。

3. 向亲朋好友倾诉，或者大哭一场，发泄情绪。

4. 学着乐观、豁达一些，人生没有过不去的坎儿。

5. 做最喜欢的事情，来转移悔恨的念头。

用积极的心态去解决问题

女孩们都有选择的自由。可以选择积极、乐观、愉快地过每一天，也可以选择消极、悲观和闷闷不乐；可以选择堂堂正正、踏踏实实，也可以选择违法犯纪、偷奸耍滑；可以选择积极上进的朋友，也可以选择自甘堕落的朋友。不管你是选择积极，还是选择消极，下决心时所费的力气没有太大的区别，只是结果有天壤之别。选择积极，你将跨入成功的快车道；选择消极，你将陷入失败的污泥潭。

在美国，一个叫塞尔玛的女士内心愁云密布，生活对于她已是一种煎熬。为什么呢？因为她随丈夫从军，没想到，部队驻扎在沙漠地带，住的是铁皮房，与周围的印第安人、墨西哥人语言不通。当地气温很高，在仙人掌的阴影下都高达52℃。更糟的是，后来她丈夫奉命远征，只留下她孤身一人。因此她整天愁眉不展，度日如年。

怎么办呢？无奈中，她只好写信给父母，希望回家。久盼的回信终于到了，但拆开一看，却使她大失所望。父母既没有安慰她几句，也没有叫她赶快回去。那封信只是一张薄薄的信纸，上面也只有短短几行字。这几行字写的是什么呢？

两个人从监狱的换气窗往外看，

一个看到的是黑暗的天空，

另一个看到的却是天上的星星。

她反复看，反复琢磨，想弄明白父母的这两句话究竟意味着什么，终于有一天，一道耀眼的光芒从她脑海里掠过。这道光芒仿佛把眼前的黑暗完全照亮了，她惊喜异常，每天紧皱的眉头一下子舒展开来。

原来从这短短的几行字里，她终于发现了自己的问题所在：她过去习惯性地低头看，结果只看到地上的泥土。但自己为什么不抬头看？抬头看，就能看到天上的星星！而我们的生活中一定不只有泥土，一定会有星星！自己为什么不抬头去寻找星星，去欣赏星星，去享受星光灿烂的美好世界呢？

她这么想着，也开始这么做了。她开始主动和印第安人、墨西哥人交朋友，结果使她十分惊喜，因为她发现他们都十分好客、热情，慢慢都成了朋友。他们还送给她许多珍贵的陶器和纺织品做礼物。她研究沙漠的仙人掌，一边研究，一边做笔记，没想到仙人掌是那样的千姿百态，那样的使人沉醉着迷；她欣赏沙漠的日落日出，她感受沙漠中的海市蜃楼，她享受着新生活给她带来的一切。没想到，她慢慢真的找到了星星，真的感受到了星空的灿烂。她发现生活中的一切都变了，变得使她每天都沐浴在春光之中，每天都置身于欢笑之间。后来她回美国后根据自己这一段真实的内心历程写了一本书，叫《快乐的城堡》，引起了很大的轰动。

父母的话点亮了塞尔玛的心灯，让她努力去寻找生活中积极的一面，生活也给予了她积极的回报，使她重新找回了快乐与欢笑，使她透过窗看到了天空中耀眼的繁星。

心态，影响着女孩生活的方方面面。有怎样的心态，生活就会给你怎样的回馈。不信吗？来看看下面这个实验。

罗伯特博士在哈佛大学主持了一系列有趣的实验，实验对象是三组学生与三组老鼠。

他对第一组学生说："它们很幸运。你们将和天才小白鼠在一起。这些小白鼠相当聪明，它们会到达迷宫的终点，并且吃许多干酪，所以要多买一些喂它们。"

他告诉第二组学生说："你们的小白鼠只是普通的小白鼠，不太聪明。它们最后还是会到达迷宫的终点，并且吃一些干酪，但是不要对它们期望太大，它们的能力与智能都很普通。"

他又告诉第三组学生说："这些小白鼠是真正的笨蛋。如果它们能找到迷宫的终点，那真是意外。它们的表现自然很差，我想你们甚至不必买干酪，只要在迷宫终点画上干酪就行了。"

以后六个星期，学生们都在精确的科学情况下从事实验。"天才小白鼠"就像天才人物一样行事。它们在短期内很快就到达了迷宫的终点。你期望从一群"普通小白鼠"那里得到什么结果呢？它们也会到达终点，但是在这个过程中并没有写下任何速度记录。至于那些"愚蠢的老鼠"呢？

那更不用说了。它们都有真正的困难，只有一只最后找到迷宫的终点，可以说是一个明显的意外。

有趣的事情是，根本没有所谓的天才小白鼠和愚蠢小白鼠之分，它们都是同一窝小白鼠。这些小白鼠的成绩之所以不同，是由于参加实验的学生心态不同而产生的直接结果。简而言之，学生们因为听说小白鼠不同才采取了不同的心态，而不同的处理导致不同的结果。

用积极的心态解决问题，可以引导问题向有利的方向发展，最后往往能够取得不错的成绩。学生的心态如何决定了他们采取的措施和投入的精力，而最后的结果可以从他们训练出的小鼠的能力上体现出来。

学习和工作也是如此，将学习与工作看作是任务，是负担，那么它会越来越重，直到压得我们喘不过气；女孩如果能够以积极的心态去主动寻找学习和工作中的乐趣，在快乐中学习和工作，在学习与工作中快乐，那么，无论做什么事情，都能有很好的成效。

学会将压力转变为动力

随着生活节奏的加快，每个人都承受着越来越沉重的生存压力。而一些女孩对于压力的承受力相当脆弱。

现代的年轻人从刚懂事到上中学，"压力"二字的分量就不知不觉地背在了身上。在重点校和非重点校之间；在不同学校入学考试的分数线之间；在"优秀生"和"差生"之间；在选择什么热门专业之间……竞争激烈地进行着。

为考试、升学"过五关、斩六将"之后，在社会上寻找适合自己的生存空间的压力又扑面而来：就业、失业、结婚、离婚、荣誉、耻辱以及处处昭示的忧患意识和不绝于耳的"优胜劣汰"……社会位置的选取与被接受的程度；新观念的价值取向带来的不适应；改革中不断变化带来的不稳定的恐慌；财富与权力的不公分配造成的心理不平衡；人们所信仰的神话的崩溃；人际关系的矛盾形成的紧张；还有不可抗拒的生老病死等，都使人生充满压力。

面对压力，女孩应该怎么做？

是精神萎靡、畏缩不前，还是笑脸相迎，化压力为动力？这是个勇士与懦夫之间的抉择。

软绵绵、黑糊糊的石墨在十万个大气压作用下能够变成光芒耀眼的钻石，那么人可不可以在"不能承受之重"的压力下奋勇向前，取得成功呢？答案是肯定的，而且历史上不乏其人。

1597 年，年轻的开普勒写成《神秘的宇宙》一书，并设计了一个有趣的、由许多有规则的几何形体构成的宇宙模型。

但是，在那个宗教神权盛行、科学卑微的年代里，他遭到了天主教的辱骂、威吓和迫害，孤立无援的境地让他感觉到前所未有的压力。

与此同时，宗教裁判所也极力攻击这个哥白尼的信徒，把他的著作视为"异端邪说"，列为禁书，予以销毁，甚至威胁要处死这个异教徒。

面对贫困、疾病、教会的迫害等重重压力，开普勒不仅没有倒下，相反地，他把压力当成了一种动力，在科学事业的天地里勇敢地拼搏，终于发现了行星运动的三大定律，为后人做出了不朽的贡献。

开普勒将那份巨大的压力转化成了他向科学顶峰进军的不竭动力，正是这种动力鼓舞着他不断向上，直至得到科学与真理的桂冠。

可以这样说，任何一个人的生存活动中都有压力，并且，逃避压力的人总是碌碌无为的人，越是迎着压力而上，将压力转化为动力的人，就越伟大，生存得就越有价值。古往今来，概莫能外。

美国盲聋女作家海伦·凯勒顶住生活中的重重压力，克服了常人难以想象的困难，不仅学会了"听"、"说"、"看"，还著书立作，那本《我的生活》为世人留下了一首难以遗忘的生命之歌。

中国地质队技术员罗鹏飞，顶着野外探测的艰苦生活压力，坚持挥汗舞镐，挖掘勘探沟带，最终为中国制造第一颗原子弹找到了珍贵的原料——铀，成为发现"希望石"的功臣。

德国音乐家贝多芬遭遇失聪的痛苦和困顿的生活压力，表现出了非凡、惊人的毅力，战胜了自杀的可怕念头，并且在恢复自信之后写下了充满感情的《第二交响曲》。

……

他们善于发现压力、利用压力、转化压力，因此是智者、是勇者，也是深谙生存之道的哲人。当后人为他们的成就所惊奇时，也不得不为他们变压力为动力的生存智慧所折服。

事实上，在压力面前，没有人是可以免疫的。不管女孩喜欢与否，压力每天都会陪伴着你们，如果想在这个竞争激烈的社会中生存下去，那么学会变压力为动力就是一种必备的生存之道。

1. 让生存压力时时逼迫自己不断前进

生活在这个世界上，竞争和压力在所难免，动物是这样，人更是如此。我们必须时时把自己处于一种压力状态下，才能感受到生存的残酷、竞争的激烈，才会挺身面对压力，用自己的努力把压力转化为动力，就像积压的火山终于喷发一样，那必将爆发出耀眼的辉煌。

毕竟，人大多都是有惰性的，克服惰性就需要压力的帮助。在困倦的时候，压力让你坚持下去；在想玩的时候，压力让你静下心来学习；在你任意挥霍时间时，压力又提醒你合理地利用时间。压力也会使你在激烈的生存竞争中不断提高自己、完善自己。

2. 勇于尝试，直面生存压力

很多时候，压力的产生源于女孩对某些事情的逃避。这样时间久了，不知不觉间便形成了一个恶性循环：你越逃避，随之而来的压力便越大，压力越大，你又越想逃避。

为什么不勇敢地向前走一步，与压力过招呢？哪怕走出小小的一步，也会增强你与压力做斗争的信心。如果一味地回避压力，它们只会一直对你穷追不舍，更谈不上转化为你前进的动力了。

3. 追求"更好"，但不崇拜"最好"

有些女孩总喜欢拿自己跟这个比，跟那个比，比来比去就发现自己有很多的不足，即使拼了命地追赶，也仍是力不能及。

久而久之，压力越来越大，以致到了无法承受的地步，因为无法时时刻刻做到最好，结果被别人抛在后边的时候越来越多，感受到的生存压力也越来越大。

我们常说："天外有天，人外有人。"女孩必须清楚地认识到：在各方面都没有"最好"，只有"更好"。此外，女孩还应知道世界上只有"人才"，没有"全才"。

你不能梦想自己在每一个方面都超越别人，凡事尽自己最大努力就可以了，只有这样，才能正确地面对竞争，从容而有效地化解生存压力。

生存压力是一柄双刃剑，你不能因为剑会伤人就拒绝使用剑，那样的话你在这个社会上就比别人少了一样"防身"的武器。女孩要合理地利用这柄剑，让它在空中划出一朵朵漂亮的剑花，借着风声进一步提高自己的"剑艺"，最终在社会上生存得更加美好！

换个角度看世界

面对冰雪中的梅花，宋代大诗人陆游的《咏梅词》中有不尽的哀叹、无奈，而在毛泽东的笔下，却是一番雄迈、豪壮。

海伦·凯勒从小生活在无声的世界之中，但在老师安妮·沙利文的帮助下，她的心灵之窗被打开。她以一种新奇的眼光去看黑暗世界中的光明、美丽，最终留下动人的作品。

两个水桶一同被吊在井口上，其中一个对另一个说："你看起来似乎闷闷不乐，有什么不愉快的事吗？"

"唉，"另一个回答，"我常在想，这真是一场徒劳，好没意思。常常是这样，刚刚重新装满，随即又空了下来。"

"啊，原来是这样。"第一个水桶说，"我倒不觉得如此。我一直这样想：我们空空地来，装得满满地回去！"

即使是在同样的境遇，同样的环境中成长的人，有人觉得幸福，有人深感不幸；两人同时望向窗外，一人看到星星，一人看到污泥。这代表着两种截然不同的态度。

可见，遭遇厄运、失败时的态度，生活得快乐不快乐，全在自己对人生的态度和理解。

清朝人金圣叹是一个对生活永远持乐观态度的人，他潇洒达观，十分懂得玩味和领会生活的乐趣。有一次他和一位朋友共住，屋外下了 10 天雨，对坐无聊，他便和朋友一件件地说日常生活中的乐事，一共列出了 30 多件"不亦快哉"的事。

比如，夏七月，天气闷热难当，汗出遍全身。正不知如何时，雷雨大作，身汗顿收，地燥如扫，苍蝇尽去，饭便得吃——不亦快哉！

独坐屋中，正为鼠害而恼，忽见一猫，疾趋如风地除去了老鼠——不亦快哉！

上街见两个酸秀才争吵，满口"之乎者也"让人烦恼。这时来一壮夫，振威一喝，争吵立刻化解——不亦快哉！

饭后无事，翻检破箱，发现一堆别人写下的借条。想想这些人或存或亡，但总之是不会再还了。于是找个地方，一把火烧了，仰看高天，万里无云——不亦快哉！

在金圣叹眼里，平凡的生活处处充满着快乐。这恰好印证了牛顿的一句话："愉快的生活是由愉快的思想造成的，愉快的思想又是由乐观的个性产生的。"

乐观的人就是这样看待生活和问题的，他们总向前看，他们相信自己，相信自己能主宰一切，包括快乐和痛苦。

明人陆绍珩说，一个人生活在世上，要敢于"放开眼"，而不向人间

"浪皱眉"。

"放开眼"和"浪皱眉"就是对人生两面的选择。选择正面，就能乐观自信地舒展眉头，面对一切。选择背面，就只能是眉头紧锁，郁郁寡欢，最终成为人生的失败者。

悲观失望的人在挫折面前，会陷入不能自拔的困境；乐观向上的人即使在绝境之中，也能看到一线生机，并为此而努力。

"要看到光明的一面。"一个年轻人对他的牢骚满腹、愁眉不展的朋友说。"但是，没有什么是光明的。"他的朋友心事重重地回答。"那就把不光的一面打磨一下，让它显出光亮不就得了！"

"即使到了生命的最后一天，我也要像太阳一样，总是面对着事物光明的一面。"诗人说。

女孩们应该养成乐观的个性，面对所有的打击我们都要坚强地去承受，面对生活的阴影我们也要勇敢地去克服。要知道，任何事物总有它光明的一面，我们应该去发现它。垂头丧气和心情沮丧是非常危险的，这种情绪会减少我们生活的乐趣，甚至会毁灭我们的生活本身。

活着是需要睿智的。如果你不够睿智，那至少可以豁达。以乐观、豁达、体谅的心态看问题，就会看到事物美好的一面；以悲观、狭隘、苛刻的心态去看问题，你会觉得世界一片灰暗。

换个角度看人生，你就会从容坦然地面对生活。当痛苦向你袭来的时候，不要悲观气馁，要寻找痛苦的成因、教训及战胜痛苦的方法，勇敢地面对这多舛的人生。

换个角度看人生，你就不会为升学失败、商场失手、情场失意而颓废，也不会为名利加身、赞誉四起而得意忘形。

换个角度看人生，是一种突破、一种解脱、一种超越、一种高层次的淡泊宁静。

寻找生命中的阳光

很多人一生都在寻找快乐，而学习的压力、父母的期望以及对未来的不确定让我们觉得生活中仿佛会有吃不完的苦。

快乐是什么？快乐是血、泪、汗浸泡的人生土壤里怒放的生命之花。正如惠特曼所说："只有受过寒冻的人才感觉得到阳光的温暖，唯有在人生战场上受过挫败、痛苦的人才知道生命的珍贵，才可以感受到生活之中真正的快乐。"

托尔斯泰在他的散文名篇《我的忏悔》中讲了这样一个故事：

一个男人被一只老虎追赶而掉下悬崖，庆幸的是在跌落过程中他抓住了一棵生长在悬崖边的小灌木。此时他发现：头顶上那只老虎正虎视眈眈，低头一看，悬崖底下还有一只老虎，更糟的是，两只老鼠正忙着啃咬悬着他生命的小灌木的根须。绝望中，他突然发现附近生长着一簇野草莓，伸手可及。于是，这人拽下草莓，塞进嘴里，自语道："多甜啊！"

无论在困境中还是顺境中，激情都是鞭策和鼓励我们奋进向上的不竭动力。只有对生命充满激情，才能使自己对现实中所有的困难和阻碍毫无畏惧。激情，是一种能把全身的每一个细胞都调动起来的力量。

在所有伟大成就取得的过程中，激情是最具有活力的因素。每一项改变人类生活的发明、每一幅精美的书画、每一尊震撼人心的雕塑以及每一部让世人惊叹的小说，无不是激情之人创造出来的奇迹。最好的劳动成果总是由头脑聪明并具有工作激情的人完成的。

一位女孩曾讲述过自己的难忘经历，让我们深知在生活中保持旺盛的激情是多么的重要。下面且让我们来听听她的自述：

经历了黑色七月，我并没有取得自己梦想中的好成绩，尽管分数上还说得过去，但只能进一所不起眼的大学。经过半个年头，我终于放了寒假。在家里的时候，父亲向我问起了大学生活，我告诉他说："其实真的很没劲。"

我的父亲是个铁匠。他听了我的话后，脸上一直很惊愕，沉默了半晌之后，转过身用他那粗壮的手操起了一把大铁钳，从火炉中夹起一块被烧得通红的铁块，放在铁垫上狠狠地锤了几下，随后丢入了身边的冷水中。

"滋"的一声响，水沸腾了，一缕缕热气向空中飘散。

父亲说："你看，水是冷的，然而铁却是热的。当把热热的铁块丢进水中之后，水和铁就开始了较量——它们都有自己的目的，水想使铁冷却，同时铁也想使水沸腾。现实生活中，又何尝不是如此呢？生活好比是冷水，你就是热铁，如果你不想自己被水冷却，就得让水沸腾。"听后，我感动不已，想不到朴实的父亲竟说出了这么饱含哲理的话，让我十分感动。

第二学期开始了，我反省自己，并且不断地努力，学习有了一点起色，内心也开始一天天地丰富充实起来。

如果你不想被平庸无色的生活冷却了斗志，就得用生命的激情与辛勤的汗水让这盆冷水沸腾。不是吗？

罗曼·罗兰说："痛苦像一把犁，它一面划破了你的心，一面掘开了生命的新起源。"不知苦痛怎能体会到快乐？痛苦就像一枚青青的橄榄，品尝后才知其甘甜，但这需要品尝的勇气！其实，女孩在青少年时要让自己快乐非常简单，那就是少一点欲望，多一点自信，在身处绝境时，也能看到希望的光芒。当然，我们更要学会在痛苦中寻求快乐的音符，保持对生活的激情，这才是人生的真谛。

我知足，我快乐

其实幸福本没有绝对的定义，许多平常的小事往往能震动你的心灵。能否体会幸福，只在于你的心怎么看待。想要拥有幸福的生活，就要怀有一颗感恩的心。

有的时候我们会觉得自己拥有的一切不值得感恩，因为我们并不知道自己到底拥有哪些东西。朋友不值得感恩，因为他们并没有为我们做什么让我们感恩戴德的事情。老师不值得感恩，因为我们是交了学费的。身体健康不值得感恩，因为我们还小，本来就不该有什么疾病纠缠。

卡耐基的著作中有这样一个十分感人的故事。故事的主人翁是一位名叫波姬儿的女教授，她是一位充满勇气、坚强乐观的女性，她出版过一本自传体叫《我希望能看见》。

小时候，她渴望和小朋友做游戏，但苦于看不清地上画的线。当别的孩子回家后，她趴在地上认准地上的线，等下次再和小伙伴玩。

她在家里看书，把印着大字的书靠近自己的脸，近得眼睫毛都碰到书页上。她得到两个学位：先在明尼苏达州立大学得到学士学位，再在哥伦比亚大学得到硕士学位。

她开始教书的时候，是在明尼苏达州双谷的一个小村子里，然后渐渐升到南达科他州奥格塔那学院的新闻学和文学教授。她在那里教了13年，也在很多妇女俱乐部发表演说，还在电台主持谈书本和作者的节目。"在我的脑海深处，"她写道，"常常怀着一种怕会完全失明的恐惧，为了要克服这种恐惧，我对生活采取了一种很快活而近乎戏谑的态度。"

1943年，波姬儿已是52岁的老妇，奇迹出现了！著名的"美友医院"为她做了一次成功的手术。她看得见了，比她以前所能看到的还要清楚几十倍！

　　一个崭新的、令人兴奋的可爱世界呈现在她眼前。现在，她甚至在厨房水槽洗碗的时候，都会有战栗的感觉。

　　"我开始玩着洗碗盆里的肥皂泡沫，"她写道，"我把手伸进去，抓起一大把小小的肥皂泡沫，我把它们迎着光举起来。在每一个肥皂泡沫里，我都能看到一道小小彩虹闪出来的明亮色彩。"

　　在常人看来，波姬儿是不幸的，然而她却觉得自己是一个很幸福的人，甚至在厨房洗碗的时候，也会因兴奋而战栗，所有这一切都是因为她是一个懂得知足的人，总是努力享受自己已经拥有的东西，而不去想自己没有或者已经失去的东西。

　　懂得知足，懂得感恩，不仅感谢帮助我们的人，更要感谢曾经以及现在拥有的一切。

　　世界无限大，而我们能够拥有生命、健康的体魄，享受食物、阳光，拥有家人的爱，不是值得感激的吗？

将快乐变成习惯

　　很多人经常对已经发生的事情追悔莫及，这其实是一种很正常的现象，人多多少少都会有这样的体验。

　　从某种角度上来看，这未尝不是一件好事，你可以从中吸取经验教训，避免下次重复出错，但不能一味地追悔感伤，沉浸于此。事情已经发生，局面已经形成，再也无法挽回，你应该学会放下过去，这样才能重新开始。

　　安东尼·罗宾就经常以愉快的方式来结束每一天。他告诫我们说："时光一去不返。每天都应尽力做完该做的事。疏忽和荒唐的事在所难免，尽快忘掉它们。明天将是新的一天，应当重新开始，振作精神，不要使过去的错误成为未来的包袱。以悔恨来结束一天，实在是不明智之举。"

罗宾鼓励我们做一个关门的人，就好像英国前首相劳合·乔治一样。

乔治有一天和朋友散步，每经过一扇门，他便把门关上。朋友疑惑地说："为什么这么做？你没必要把这些门关上。"乔治却说："哦，当然有必要。我这一生都在关我身后的门，你知道，这是必须做的事。当你关门时，也将过去的一切留在后面，然后，你又可以重新开始。"

你想成为一个快乐的人吗？其中最重要的一点就是要学会将过去的错误、罪恶、过失全部忘记，然后坚定地向前看。只有忘记过去的事，努力向着未来的目标前进，才能使自己不断走向辉煌。

有位企业家作了一个错误的决定，这个决定让他蒙受了巨大的损失。在这之后，他拒绝承认自己的失误，拒绝接受不可避免的事实，结果，他失眠了好几夜，痛苦不堪，但问题一点也没解决。更严重的是，这件事还让他想起了以前很多细小的挫败，他在灰心失望中折磨自己。这种自虐的情形竟然持续了一年，直到他向一位心理专家求救后，才彻底从痛苦中解脱出来。

事实上，如果我们研究一下那些著名的企业家或政治家，就会发现，他们大多都能接受那些不可避免的事实，让自己保持平和的心态，过一种无忧无虑的生活。否则，他们中的大部分人会被巨大的压力压垮。

道理很简单：当我们不再反抗那些不可避免的事实之后，我们就能节省下精力，去创造一个更加丰富的生活。如果你的内心为此不断痛苦和挣扎，就仿佛在拧麻花，两股力量互不相让，那最终深陷泥沼的只有你自己。要知道你只能在两者中间选择其一：可以选择接受不可避免的错误和失败，抛下它们往前走；当然也可以选择抗拒它们，变得更加苦恼。

当然，你可以尝试着不去接受那些不可避免的挫败，但这样势必使人产生一连串的焦虑、矛盾、痛苦、急躁和紧张，你会因此整天神经兮兮、不知所措。

有一句古老的犹太格言这样说："对必然之事，轻快地加以接受。"在今天这个充满紧张、忧虑的世界，忙碌的你非常需要这句话。

所以女孩们，请接受不可避免的事实吧，学会豁达，然后以一种乐观的态度轻松地生活下去！

第七章

独立自主——让女孩做自己命运的主人

生活从自食其力开始

"自立者，天助也。"这是一条屡试不爽的格言，它早已被漫长的人类历史进程中无数人的经验所证实。自立的精神是个人发展与进步的动力和根源，它体现在众多的生活领域，也成为国家兴旺强大的真正源泉。从效果上看，外在帮助只会使受助者走向衰弱，而自强自立则使自救者兴旺发达。

人，要靠自己活着。而且必须靠自己活着。在人生的不同阶段，尽力达到理应达到的自立水平，拥有与之相适应的自立精神，这是当代人立足社会的根本基础，也是形成自身"生存支援系统"的基石。缺乏独立自主的个性和自立能力的人连自己都管不了，还能谈发展成功吗？即使你的家庭环境所提供的"先赋地位"是处于天堂之乡，你也必得先降到凡尘大地，从头爬起，以平生之力练就自立自行的能力。因为不管怎样，你终将独自步入社会，参与竞争，你会遭遇到比学习生活复杂得多的生存环境，随时都可能出现或面对无法预料的难题与处境。你不可能随时动用你的"生存支援系统"，而是必须得靠顽强的自立精神克服困难，坚持前进！

1992 年 8 月，77 名 B 国学生来到一个大草原，与 30 名 A 国学生一起参加了草原探险夏令营，他们的年龄在 11～16 岁。这次夏令营要求每人背 10 多千克重的物品，至少要步行 20 多千米，不能让爸爸妈妈和老师同学帮忙，自己的事情自己做。

队伍刚出发时，B 国学生鼓鼓囊囊的背包里装满了食品和野营用具，而有些 A 国学生的背包里只装了点吃的。才走了一半的路程，一些 A 国学生已经把水喝光、干粮吃尽，只好求助别人支援。野炊时，凡空着手不干活儿的，全是 A 国学生。A 国学生走一路丢一路东西，而 B 国学生却把用过的杂物用塑料袋装好带走；A 国学生病了回大本营睡觉，而生病的 B 国学生硬挺着走到底……

目睹整个过程的人们，面对眼前的真实情景，心里受到极大的震撼，既为 A 国学生的表现感到失望和伤感，又对 B 国学生的顽强和自立大为欣赏。

两国学生的生活自理能力差别很大：在出发前做准备时，B 国学生知道背包里应该装哪些生活必需品，一些 A 国学生却不知道；野炊时，B 国学生知道动手做饭，一些 A 国学生却袖手旁观；在大草原上，B 国学生懂得保护环境，一些 A 国学生却把垃圾随手乱丢；生病的 B 国学生还坚持到底，不忘记完成这次夏令营的任务，一些 A 国学生生了病就把自己的"使命"忘到九霄云外了，被医务人员送到了后方……

由此可见，如果我们自己的事情不自己做，指望父母或他人替你做，时间长了，连生存的能力也没了。

既然自立如此重要，那么作为国家的未来、明天的希望——青少年更应该自立起来，我们的国家才能繁荣富强。但是，从那些养在温室的花朵中间，我们看到了什么呢？

有的青少年做作业一定要在家长的陪同下才能完成；遇到问题，常常不假思索，张口就问，以至于同一道题目做了很多遍，还是不能独立完成。

有的青少年遇到困难掉头就走，或者向他人寻求帮助，从不尝试自己动手解决。

有的青少年不严格约束自己的行为，小小年纪就开始吸烟、酗酒，还振振有词地认为自己已经长大了，可以自己做主选择生活方式了。

自立不是像爬山虎一样，依附着别人才能生长；自立也不是自作主张。自立是像留学美国的女孩 Rose 说的那样："是对自己现在和未来的生活负责任。"

Rose 是一个青春活泼的女孩，2004 年 7 月去美国留学，深深地体验了什么才是自立生存。

她对一年多来的苦日子——边打工边读书早已习已为常。学费和生活费都是靠她自己打工赚的。每天上完学校 6 小时的课后，就用接下来的 8 个小时去打工。洗盘子、工厂做工、发传单、送外卖、超市收银……

她一天工作 8 小时，一个星期工作 6 天。晚上赶完夜工，再去上学，上完学再去超市。学校的出勤率必须保持在 90％以上，工作也很辛苦，她一天只能睡 7 个小时，夜工的时候就只能睡 2 小时。

"在美国我一天工作 12 个小时，到家倒在床上就睡着了，"Rose 说，"在美国边打工边读书的这一年多，我才知道'累'字是怎么写的。"

Rose 变了很多，最大的变化也许就是自立、对自己负责了。她以前上学的时候，昏天黑地地玩，根本就是在混日子，但现在她对生活、对工作、对学习都认真多了。问她去美国最大的收获是什么，她说："对自己现在和未来的生活负责任。"

所以说，"总在窝里的鹰永远也不会飞"，要做到自立自强，有时候就要对自己有一股"狠"劲儿，要逼着自己经历风吹雨打，哪怕冻得牙关紧咬；要扛起最重的担子，哪怕压得气喘吁吁。

自立，是女孩必须培养的一种能力，不要感觉这是压在心头的包袱，能躲就躲。如果想为你未来的生活增添绚烂的光辉，那就鼓起勇气学会自立。

自己作一个决定

生活中，许多女孩从小到大，日常生活、交友、学习、报考专业、工作，甚至恋爱，都听从父母、老师的意见和安排。她们或者依赖，或者无奈。然而，女孩应勇敢地自己作一个决定。

打开历史长卷，我们不难发现：

杰出者的身上具有许多种优良品质——勇敢、忠诚、创新、进取，当然独立也是这些品格中不可缺少的。如果一个依赖于他人的人也会获得成功的话，恐怕历史上就不会有那么多民族为独立而战了。

没有独立做前提，成功也许只是个假设。独立性格是成功者的必备条件，历史既然如此证明，现实生活也是这样。独立习惯的养成，对一个人的事业、未来、人生都有莫大的好处，所以女孩若想成就事业，这是必不可少的一个条件。

有一位学术界知名的学者曾告诫青年学生们：

"如果你过分依赖别人，那你便会上当，因为你不能分辨别人的话究竟是对的还是错的，而你对于别人的动机也就茫然不知。"

如果你要做一个成功的人，那就应该是个品格独立的人，首先你要应该学会对自己负责。

在生活中自己作决定，必须具备一些主观、客观条件，女孩们可以从以下几方面能力的训练着手：

1. 多进行独立的思考，有想法、有主见。

2. 有足够的自信心，坚信自己可以做得很好。

3. 提升自身的综合能力。因为，有实力才有发言权。

4. 观察力。要善于见微知著，提挈全局，抓住要领。

5. 分辨力。要分辨矛盾双方的强弱与均衡，使决断具备清晰的条理。

6. 判断力。权衡利弊，在充分掌握全局的基础上，判断决定的效应。

对权威和教条说一次"不"

"权威"，是指在某种范围之内有威信、有地位或者具有使人信服力量的人。权威的存在，有时是对探索实践的一种促进，因为"权威认定"毕竟有它的可信价值；而有的时候，权威的存在则是对探求的阻碍，因为权威毕竟不是真理。

古希腊哲人说："吾爱吾师，吾更爱真理。"杰出人士们在继承前人的基础上，总是抱着怀疑一切的态度，在实践中坚守着正确的事物。

意大利科学家伽利略敢于对权威亚里士多德说"不"，用实验证明了不同重量的铁球能同时着地的正确结论。日本指挥家小泽征尔在大赛中敢于对国际权威们说"不"，指出乐谱有错，一举夺魁。

来自教育的权威使人们逐渐习惯以权威的是非为是非，对权威的言论不加思考地盲信盲从，其结果正如我们传统的"听话教育"那样：在家听父母的话，在学校听老师的话，在职场听主管的话——而唯独缺少自我思考、冲破权威、勇于创新的能力。

其实，权威之所以成为权威，也是得益于在实践中的不断探索。倘若后来的人们拘泥于前人的成果，实际上也就是否定了权威们寻找真理的方式。杰出人士们所坚持的正是"权威们"曾经使用过的武器。

1900 年，著名教授普朗克和儿子在自己的花园里散步，他神情沮丧，很遗憾地对儿子说："孩子，十分遗憾，今天有个发现，它和牛顿的发现同样重要。"他提出了量子力学假设及普朗克公式。他沮丧这一发现破坏了他一直崇拜并虔诚地奉为权威的牛顿的完美理论，他终于宣布取消自己的假设。人类本应因权威而受益，不料竟因权威而受损，由此使物理学理论停滞了几十年。

25 岁的爱因斯坦敢于冲破权威圣圈，大胆突进，赞赏普朗克假设并向纵深引申，提出了光量子理论，奠定了量子力学的基础。随后又突破了牛顿的绝对时空的理论，创立了震惊世界的相对论，一举成名，成了一个更加伟大的权威。

对大多数人来说，接受权威人士所给他们的负面评价是最大的不幸。许多人失败于智商测试、学习能力测试和其他测试，同时，这些人又愿意接受命运的安排，所以，他们甚至在成人之前就已经投降了。对他们来说，差的等级和其他低分自然而然地转化为后来在人生上的低效率。杰出的人物们选择了另一条道路：他们就是不相信那些反复贬低他们的权威人士。他们有远见、有勇气、有胆量地向老师、教授、专家和教育测试中心所给出的评价进行挑战。

女孩，你听过"不拉马的士兵"的故事吗？

一位年轻有为的炮兵军官上任伊始，到下属部队视察操练情况，他在几个部队发现了相同的情况：在一个单位操练中，总有一名士兵自始至终站在大炮的炮管下面纹丝不动。军官不解，询问原因，得到的答案是：操练条例就是这样要求的。

军官回去后反复查阅了军事文献，终于发现，长期以来，炮兵的操练条例仍因循非机械化时代的规则。站在炮管下士兵的任务是负责拉住马的缰绳，在那个时代，大炮是由马车运载到前线的，以便在大炮发射后调整由于后坐力产生的距离偏差，减少再次瞄准所需的时间。现在大炮的自动化和机械化程度很高，已经不再需要这样一个角色了，但操练条例没有及时调整，因此才出现了"不拉马的士兵"。

可见，一味迷信于权威和教条，人们就失去了独立思考的能力。

女孩们，敢于质疑权威，敢于大声说一次"不"，是自立、创新的第一步，也是迈向成功的基石。

选一条属于自己的路

每个人都有适合自己的路，选对了，就应坚定地走下去。

小时候，很多人都有宏大的理想：做伟人，成为世界首富；成为发明家，策划许多有创意的事……总之，就是要过上精彩的人生，成为最杰出的人。

但是后来呢？当你年岁增长到可以去实现自己的理想时，四面八方的压力蜂拥而至。亲人、老师已为你设计好一条也许你并不热爱的路，或者你耳边不断萦绕着别人的议论，"别做白日梦了"，你的想法"不切实际、愚蠢、幼稚可笑"，"必须有天大的运气或他人相助"，或"你太老"、"你太年轻"。

在现实面前，你要么完全放弃，要么半途而废。不是事情绝对不可能成功，而是太多别人的意见使你丧失了成功的勇气。只有那些真正意志坚定的人才能冲破这些羁绊，走向成功，而且是连续不断的成功。

贝多芬学拉小提琴时，技术并不高明，但他宁可拉他自己作的曲子，也不肯做技巧上的改善，他的老师说他绝不是个当作曲家的料。

歌剧演员卡罗素美妙的歌声享誉全球。而当初他的父母却是希望他能当工程师，并且他的老师都说他那副嗓子是不能唱歌的。

发表《进化论》的达尔文当年决定放弃行医时，遭到父亲的斥责："你放着正经事不干，整天只管打猎、遛狗、捉耗子。"另外，达尔文在自传中透露："小时候，所有的老师和长辈都认为我资质平庸，我与聪明是沾不上边的。"

从上述成功者的经历中，我们可以发现：

成功者总是自主性极强的人，他总是自己担负起生命的责任，而绝不会让别人驾驭自己。

女孩要如何选一条属于自己的路呢？

1. 依赖自己，而不是依赖别人。

一切都靠自己去奋斗、去争取。控制了依赖心理之后，一个人才会找到自己的生活目标，找到生活的方向，靠自己获得事业的成功。而且，只有靠自己取得的成功，才是真正的成功。

2. 消除身上的惰性。

要消除惰性，就得锻炼自己的意志。处理事情的时候，要果敢向前，说做就做，该出手时就出手；还得有灵活的头脑，要善于思考，勤于思考。

3. 要有独立意识，自己替自己做主。

要自己替自己做主，就是要时时想到，只有自己的劳动所得的成果，才是真正属于自己的；只有享受自己的成果，才会有真正的快乐。

4. 要从小事做起。

每天认真反思自己的思想，一步一个脚印地去做。任何事情都是这样，不可能一下子就能做成，需要慢慢地起步，一步步地积累，最后才能做成。

女孩要强化自我价值感

女孩们天生就是感性的，她们的情绪和行为总是极易受到外界环境的影响，前一分钟还因为某一个人的褒奖兴高采烈，后一分钟可能就会因为另一个人不经意的一句嘲讽而丧失信心，妄自菲薄。

有一个年轻人，他历尽艰险，在非洲热带雨林中找到了一种高10多米的树木。

这可不是一般的树木，整个非洲都不多见。如果砍下这种树，一年后让外皮朽烂，留下的部分就会有一种浓郁无比的香气散发开来；如果放在水中，它不会像别的木头那样浮起来，反而会沉入水底。

这种树被称作"沉香"，是世界上最珍贵的树木。

　　年轻人将沉香运到市场上去卖。由于很贵重，很少有人敢来买，也很少有人买得起。因此，他的生意非常冷清，经常是很多天连一个来问价的都没有。但他旁边一个卖木炭的，生意却非常好，每天都有进账。

　　年轻人终于沉不住气了，他把沉香运回家，烧成木炭后再运到市场上，以普通木炭的价格出售。这一回，他的生意好极了，几天时间就卖光了。

　　年轻人认为自己颇有创意，顺应了市场需求，于是，他很自豪地把这件事告诉了他的父亲。

　　他父亲是一位白手起家的商人。当听完儿子的讲述后，父亲禁不住泪流满面，因为儿子做了一件大蠢事。沉香非常有价值，只要切下一小块磨成粉末出售，其收入相当于卖一年木炭，而将沉香烧成木炭，就和普通木炭一样不值钱了。

　　有些人过分关心外界的环境因素，处处表现得小心翼翼，以至于轻易地否定了自己。试想，如果一个人连自己都不认可自己，又如何让别人认同你的价值呢？

　　一位哲人曾经说过："每个人都有自己独一无二的价值。我们的价值不是取决于别人对我们的态度，也不会因为我们遭受挫败而贬值，无论别人怎么侮辱你、诋毁你、践踏你，你的价值依然存在。"

　　在一次演讲会上，一位著名的演说家手里高举着一张 10 美元的钞票，讲了一句开场白。面对大厅内的听众，他问："谁要这 10 美元？"

　　一只只手举了起来。

　　"我打算把这 10 美元送给你们中的一位，但在这之前，请准许我做一件事。"他说着将钞票揉成一团，然后问，"谁还要？"

　　仍有人举起手来。

　　"那么，假如我这样做又会怎么样呢？"他接着把钞票扔到地上，又踏上一只脚，并且用脚碾它。当钞票已变得又脏又皱的时候，他才捡起来。

　　"现在谁还要？"

还是有人举起手来。

"朋友们，你们已经上了一堂很有意义的课。无论我如何对待那张钞票，你们还是想要它，它并没贬值，它依旧值 10 美元。在人生路上，我们会无数次被自己的决定或碰到的逆境击倒、欺凌，甚至被碾得粉身碎骨。我们会觉得自己似乎一文不值。但无论发生什么，或将要发生什么，在上帝的眼中，我们是永远不会丧失价值的。无论肮脏或洁净，衣着齐整或不齐整，每一个人依然是无价之宝。"

女孩不要因为别人对自己的评价和态度改变对自己的看法。无论别人怎么说，你的价值都不会因之改变，只要能够将个人价值与社会价值统一起来，做一些对他人有用的事，就能充分施展自己的才华，实现自己的价值。

《世界上最伟大的推销员》一书的作者奥格·曼狄诺认为，在这个世界上，每个人都有自己独一无二的价值，每个人的出生都是一个伟大的奇迹，他的这种观点对我们建立自尊自信很有帮助。他在书中这样写道：

我是自然界最伟大的奇迹。

自从上帝创造了天地万物以来，没有一个人和我一样，我的头脑、心灵、眼睛、耳朵、双手、头发、嘴唇都是与众不同的。言谈举止和我完全一样的人以前没有，现在没有，以后也不会有。虽然四海之内皆兄弟，然而人人各异。我是独一无二的造化。

我是自然界最伟大的奇迹。

我不可能像动物一样容易满足，我心中燃烧着代代相传的火焰，它激励我超越自己，我要使这团火燃得更旺，向世界宣布我的出类拔萃。

没有人能模仿我的笔迹、我的商标、我的成果、我的推销能力。从今往后，我要使自己的个性得到充分发展，因为这是我得以成功的一大资本。

我是自然界最伟大的奇迹。

我不再徒劳地模仿别人，而要展示自己的个性。我不但要宣扬它，还要推销它。我要学会求同存异，强调自己与众不同之处，回避人所共有的通性，并且要把这种原则运用到商品上。推销员和货物，两者皆独树一帜，我为此而自豪。

我是独一无二的奇迹。

物以稀为贵。我特立独行，因而身价倍增。我是千万年进化的终端产物，头脑和身体都超过以往的帝王与智者。

但是，我的技艺、我的头脑、我的心灵、我的身体，若不善加利用，都将随着时间的流逝而迟钝、腐朽，甚至死亡。我的潜力无穷无尽，脑力、体能稍加开发，就能超过以往的任何成就。从今天开始，我就要开发潜力。

做人要坚持自己的个性，保持主见，不要刻意去模仿别人，人的一生有很多事情需要去做，但最重要的任务还是做自己。

不要让别人的态度影响自己的心情

你是不是一个有主心骨的人？你在做事时是按照自己的想法作决定，还是听从别人的话而摇摆不定？你会不会因为有人说你新买的裙子太花哨而闷闷不乐一整天？会不会因为别人说你不行就不再去努力？

无论以前的你是怎样的，从现在开始，试着不让别人的态度影响自己的心情。

别人的意见、态度只能作为参考，最后作决定的终究是自己。如果一味地被别人的态度所牵绊，那么结果只能像下面故事中的父子俩一样。

父子俩赶着一头驴到集市上去。路上有人批评他们太傻，放着驴不骑，却赶着走。父亲觉得有理，就让儿子骑驴，自己步行。没走多远，有人又批评那儿子不孝："怎么自己骑驴，却让老父亲走路呢？"父亲听了，赶快让儿子下来，自己骑到驴上。走不多远，又有人批评说："瞧这当父亲的，也不知心疼自己的儿子，只顾自己舒服。"父亲想，这可怎么是好？

干脆，两个人都骑到了驴背上。刚走几步，又有人为驴打抱不平了："天下还有这样狠心的人，驴都快被压死了！"父子俩脸上挂不住了，索性把驴绑上，抬着驴走……

故事中父子俩的行为很可笑，但笑过后想想，自己是不是也经常这样：做事或处理问题没有自己的主见，或自己虽有考虑；但常屈从于他人的看法而改变自己的想法，人云亦云，随波逐流。

要成就一番事业或工作，总会听到许多反对意见。这些意见或来自朋友与亲近的人，他们从自己的角度考；或纯粹是为女孩担心，可能不赞成你的做法；也可能来自那些对你心怀恶意的人，他们诬蔑、攻击、诽谤，把你所要做的事说得漆黑一团。面对这种情况，如果你不能明辨是非，缺乏独立思考的精神，你就可能半途而废，甚至事情还没做就夭折了。因此，女孩要想有所成就，就必须如一句西方格言所说："走自己的路，让别人去说吧！"

当然，这并不是说你可以不去认真听取别人的有益的意见。如果别人的意见有可取之处，哪怕是来自"敌人"的意见，也应该吸取。但这和丧失自己的主见、屈从于他人不正确的议论是两回事。

所谓独立思考就是要不依赖经典，不依赖人言，不依赖过去的经验和成见，使自己成为自觉者，一位能自我实现的人。

牧场主罗伯特·尼兹为参观农场的小朋友们讲了这样一个故事，故事中的孩子没有受其他人嘲讽态度的影响，最终实现了被人们认为是不可能的梦想。

孩子的父亲是一位巡回驯马师。驯马师终年奔波，从一个马厩到另一个马厩，从一条赛道到另一条赛道，从一个农庄到另一个农庄，从一个牧场到另一个牧场，训练马匹。其结果是，这个孩子的中学学业不断地被扰乱。当他读到高中，老师要他写一篇作文，说说长大后想当一个什么样的人，做什么样的事。

那天晚上，他写了一篇长达 7 页的作文，描绘了他的目标——有一天，他要拥有自己的牧场。在文中他详细地描述自己的梦想，甚至画出了一张牧场平面图，在上面标注了所有的房屋，还有马厩和跑道。然后他为他的370平方米的房子画出细致的楼面布置图，那房子就立在那个0.8平方千米的梦想牧场。

他将全部的心血倾注到他的计划中。第二天，他将作文交给了老师。两天后，老师将批改后的作文发给了他。在第一页上，老师用红笔批了一个大大的"F"（最低分），附了一句评语："放学后留下来。"

心中有梦的男孩放学后去问老师："为什么我只得了'F'？"

老师说："对你这样的孩子，这是一个不切合实际的梦想。你没有钱。你来自一个四处漂泊居无定所的家庭。你没有经济来源，而拥有一个牧场是需要很多钱的，你得买地，你得花钱买最初用以繁殖的马匹，然后，你还要因育种而大量花钱，你没有办法做到这一切。"最后老师加了一句："如果你把作文重写一遍，将目标定得更现实一些，我会考虑重新给你评分。"

男孩回家，痛苦地思考了很久。他问父亲他应该怎么办，父亲说："孩子，这件事你得自己决定。不过我认为这对你来说是个非常重要的决定。"

最后，在面对作文枯坐了整整一周之后，男孩子将原来那篇作文交了上去，没改一个字。他对老师说："你可以保留那个'F'，而我将继续我的梦想。"

讲到这里，罗伯特微笑着对孩子们说："我想你们已经猜到了，那个男孩就是我！现在你们正坐在我的0.8平方千米的牧场中心，370平方米的大房子里。我至今保存着那篇学生时代的作文，我将它用画框装起来，挂在壁炉上面。"他补充道，"这个故事最精彩的部分是，两年前的夏天，我当年的那个老师带着30个孩子来到我的牧场，搞了为期一周的露营活动。当老师离开的时候，她说：'罗伯特，现在我可以对你讲了，当我还是你的老师的时候，我差不多可以说是一个偷梦的人！那些年里，我偷了许许多多孩子的梦想。幸福的是，你有足够的勇气和进取心，不肯放弃，以至让你的梦想得以实现。'"

"所以，"罗伯特说，"不要让任何人偷走你的梦！听从你心灵的指引，不管它指向的是什么方向！"

现在，将罗伯特的这句话送给你们，希望女孩们能够从中得到些许启发。

坚持走自己的路

1924 年的普通一天，在美国纽约布朗克斯街道上，人们像往常一样穿行着。临近中午的时候，一对奇怪的母女吸引了大家的注意。

这是一个黑头发的大约 3 岁的小女孩她正坐在人行道上，而她的妈妈正在旁边哄她，但无论怎么哄，她都不听，只是一个劲儿地叫嚷着："不，我不要顺着这条路回去，我要走那条新路回去！"看了半天，围观的人们终于明白了：原来，母亲要带这个小姑娘沿着她们来时的路回家，但是这个倔强的小女孩非要顺着一条她自己选择的新路回去，而且十分坚决。无奈之下，母亲只好同意了。

这件小事很快就过去了，谁也不曾再记起，时光一下子就过去了几十年。53 年后，谁也不曾想到，就是当年那个倔强的小姑娘，却站在了斯德哥尔摩音乐厅的讲台上，领取了著名的诺贝尔生理学及医学奖，她就是著名的女科学家罗莎琳·苏斯曼·雅洛。

罗莎琳 1921 年 7 月 19 日出生在纽约布朗克斯一个中下层犹太人的家中。17 岁那天，小罗莎琳就阅读了《居里夫人传》，那个时候她就对自己说："居里夫人从此后就是我的榜样！"自此，她便认定，自己今后要走的路就应该是居里夫人那样的。可是她的这个想法，在周围人甚至是家人看来，都仿佛是天方夜谭。高中毕业后，罗莎琳的母亲希望她能当上一个小学教师，而当她大学毕业的时候，她的父亲又希望她能当上一个中学教师。但罗莎琳的态度一直很坚定，她对父母说："居里夫人也是个女人，但她却做出了许多男人都做不到的事情，我相信，我也能像她一样度过有意义的一生。"同时，罗莎琳还给父母保证：自己不仅要成为一个像居里夫人那样的伟大科学家，还会努力成为一个好妻子、好母亲，关心爱护自己的家庭。

虽然态度如此坚定，但通往科学的道路毕竟是艰险的，每一步都布满了荆棘。作为一个犹太人，同时又是一个女人，她在当时的环境中很难得到研究员的津贴。但她毫不放弃，她对自己说："犹太女人也一样可以成为科学家，我要证明给他们看！"

终于，在历经了艰难险阻之后，1941 年，20 岁的罗莎琳从亨特女子学院取得了物理学与化学学士学位。此时，伊利诺斯大学的罗伯特·佩托恩教授看她勤奋好学，就破例接收她做了一名助教，并且让她管理一个光学实验室。

自此，罗莎琳获得了努力研究的绝好时机。从 1972 年到 1976 年，罗莎琳先后荣获了 12 项医学研究奖。而在随后的 1977 年，她更是荣获了诺贝尔生理学及医学奖，实现了她曾经定下的诺言。正是靠着充足的自信和顽强的拼搏信念，罗莎琳才最终成为著名的女科学家，同时还成了一位贤妻良母。

著名作家威尔逊曾经说过："一个人有自信，然后再全力以赴，那么任何事情都十有八九会成功。"榜样的力量是无穷的。女孩们，只要你充满自信和希望，以那些成功的人士为榜样，并且坚持走自己所认定的道路，努力进取，那么，成功就一定会在不远处等着你。

第八章

热爱学习——知性比青春的美丽更持久

生命的根本保证是学习

"读书而不思考，等于吃饭而不消化。"这句话告诉我们学习的本质就是培养人的能力，只有通过学习，掌握了这些能力，才能让我们的生存更加有保证。古人云："授我以鱼，只供一饭之需；教我以渔，则终身受用无穷。"在学习中探索生存的技能，在生存中体会学习的奥秘，人生才会越来越有意义。

穷人的孩子早当家，小王冕七八岁的时候，就已经能帮家里做事了。父母安排他每天牵着牛出门去放牧。

有一天，小王冕跟往日一样出门去放牛。可是一直等到太阳落山，妈妈做的饭菜都凉了，也没见王冕回家。又过了一会儿，牛独自从院门外回来了，自个儿在院子里转了一圈，然后慢悠悠地钻进了牛圈，但放牛的王冕却没有一起回来。

父母非常担心，想要出去寻找，就在这时，王冕气喘吁吁地从外面跑了回来，他先到牛圈一看，发现牛已经回来了，这才松了一口气。父亲把他叫到面前，询问他回来晚的原因，王冕低下头，内疚地解释说："是我听书忘记时间了。"

　　原来，王冕放牛路过村里的那个学堂时，听见从里面传出朗朗的读书声，一下子就给吸引住了，特别羡慕，他把牛拴在野地里让它吃草，自己则悄悄地溜进学堂，听学生们读书，听一句，记一句，非常入迷，不知不觉，太阳已经下山了。

　　当他跑到草地去找牛时，发现牛已挣断绳子，不知跑到什么地方去了。幸亏路走熟了，牛顺着回家的路，自己回到圈里了。虽然牛安全地回家了，可王冕挨一顿打是免不了的。

　　父亲把他狠打了一顿，教训他以后不许在放牛时去听书。然而这一顿棍子，并没有把他的求知欲打掉。两天之后，同样的事情再次发生了。当父亲又要拿棍子打他时，母亲便劝解道："孩子这样痴心，打也不会有什么用的，干脆这牛别让他放了。"从那以后，父亲再不让他去放牛了。

　　当时，正好村旁山上的佛庙要雇人做些粗活，于是王冕便到庙里住了下来。白天做一些杂事，换两顿饭吃，到了晚上他就睡在佛殿内，借助桌案上摆放的长明灯的微弱光线，聚精会神地看书，每晚都看到大半夜才睡觉。

　　由于王冕的刻苦好学，当地一个名叫韩性的学者收了他做徒弟。有了这样好的条件，王冕倍加珍惜，每天都很努力地学习。为了让自己掌握更多的技能，他还在劳动、读书之余迷上了写诗作画，经过勤学苦练，他终于在诗画方面取得了突出成就。

　　如此恶劣的环境也没阻挡住王冕好学的精神，学习使他插上了梦想的翅膀，从此改变了生存的环境。在竞争如此激烈的年代，学习更成为现代人生存和发展的必要手段，是学习让我们掌握了生存的技能，是学习让我们体味了人生的意义。

　　学习化生存是最佳的生存方式，它更多的是一种理念，一种通向睿智、丰富、幸福生活的途径。

　　现在，我们迈入了以信息化为标志的知识经济时代。生产的信息化使劳动也具有鲜明的智能化特征。

"知识经济是以学习为基础的经济，与之相适应的社会是学习型社会。"女孩面对信息爆炸的时代和科学技术日新月异的飞速发展，只有坚持不懈地学习，才能使用日新月异的劳动工具；也只有不断学习新的生存技能，才能在生存竞争中立于不败之地。

养成良好的学习习惯

人的一生都离不开学习，培养良好的学习习惯也就越来越重要。因为只有善于学习的人才能不断前进。流水不腐，户枢不蠹，这句话也可以用在人的智力增长上。女孩只有不断学习新东西，吸取新知识，才能跟得上时代的步伐，才能最终成就自己。

大家都知道伟大的富兰克林，但是谁都不会想到在他幼年的时候并不喜欢学习。他有时候拿起书来想看，但是只要外面有伙伴叫他去玩或者街道上发生了什么事情，他就会把书一扔，飞快地跑出去看。

他家里虽然经济条件不是很好，但父母还是为孩子买了好多有意思的书籍，并把这些书籍放在很显眼的地方。

有一天，小富兰克林跑了进来，对母亲说："妈妈，你能告诉我金字塔是怎么一回事吗？我一个伙伴在考我。"

母亲就给富兰克林讲解起来："这个金字塔其实就是法老的坟墓，但是它的样子很是奇特……"

母亲把关于金字塔的各种知识都仔仔细细地告诉了他。

小富兰克林听得很入神，心里想："哇，原来世界上还有这么有趣的东西啊。我怎么以前不知道呢？"

他对母亲说："妈妈，你真是太厉害了，你怎么什么都知道啊？我希望以后变得像你这么聪明，有着这么渊博的知识。"

"孩子，妈妈不是什么都知道，妈妈也都是从书上看来的。其实书上的知识很丰富，而且很多都是很有意思的，只要你去看，去发掘，就能变得和妈妈一样懂这么多，甚至比妈妈懂得还要多。"

"是吗？妈妈。"小富兰克林更加不解了。

"当然是了，妈妈没有参观过金字塔，本来根本就不知道这个事情，是书籍给了我知识。孩子，刚才你说你希望成为像我这样的人，那么你从现在开始就要多多地看书，汲取里面的精华，把它变为自己的东西，这样你就一定会比妈妈厉害。"母亲继续引导她的孩子。

"好的，妈妈，我知道了。以后我一定要好好地看书，把这些知识都学到我的脑子里去。"小富兰克林高兴地回答。

从此，小富兰克林就对书籍有了兴趣，经常拿来书籍翻阅，津津有味地学习里面的内容。

母亲看到这些，心里很是安慰，但是小富兰克林还是有点缺乏自制力，有时会被别的事情分散注意力。

所以母亲经常在他看书的时候对他说："孩子，你现在看书，不要去管别的事情，你看完了才能和小伙伴们玩，好吗？"

"好的，妈妈。我喜欢看书。"小富兰克林大声地回应着。

然后母亲就会把孩子的玩具放到别的屋子里去，同时把房间的窗户关好，尽量不让别的事情来影响孩子的学习。

就这样，慢慢地，小富兰克林就能够很好地控制自己了。他不会再因外界而受影响，所以才有了后来的辉煌。

女孩们，也许你现在讨厌学习，但是只要克制自己，逐渐地，学习的习惯也就慢慢培养起来了。

爱迪生说得好："知识仅次于美德，它可以使人真正地、实实在在地胜过他人。"

要想成功，就必须牢记："知识就是力量。"

许多人以为，学习只是青少年时代的事情，只有学校才是学习的场所，自己已经是成年人，并且早已走向社会了，因而再没有必要进行学习。

这种看法乍一看似乎很有道理，其实是不对的。在学校里自然要学习，难道走出校门就不必再学了吗？学校里学的那些东西，就已经够用了吗？其实，学校里学的东西是十分有限的。工作中、生活中需要的相当多的知识和技能，课本上都没有，老师也没有教给我们，这些东西完全要靠我们在实践中边摸索边学习。可以说，如果我们不继续学习，就无法取得生活和工作需要的知识，无法使自己适应急速变化的时代，我们不仅不能搞好本职工作，反而有被时代淘汰的危险。

有些人走出学校后，往往不再重视学习，似乎头脑里面装下的东西已经够多了，再学就会饱和。殊不知，学校里学到的只是一些基础知识，离实际需要还差得很远。

特别是在科学技术飞速发展的今天，我们只有以更大的热情学习，学习，再学习，才能使自己丰富和深刻起来，不断地提高自己的整体素质，更好地投身到工作和事业中去。

学习切忌浅尝辄止

大家都看过一组名为《挖井》的漫画吧。漫画中的人物扛着一把铁锹到一片空地，打算挖井。他第一次挖了 10 厘米，看到没有水出来，就放弃了这个坑，在旁边找地方接着挖第二个。第二个稍稍比第一个深了些，但也没有出水，于是他又放弃了。第三个坑已经有近一人深了，眼看就要接近地下水层，井水马上就要涌出了，他又失去了耐性，又放弃了。就这样，他虽然一直在不断地挖，力气出了不少，可留下的只是身后那一排深浅不一的坑，最终也没能挖出水来。

漫画是在告诉我们，做事情要坚持，不能虎头蛇尾，否则将一事无成。学习，也是同样的道理。学习贵在坚持，切忌浅尝辄止。

在学习的过程中，女孩应保持旺盛的精力，并且要有不畏困难、坚持不懈的毅力，才能够学习到真本领，才能够在成长的路途中学有所成，最终获得成功。

下面让我们来看看陈明的故事。

音乐系的陈明走进练习室，看到钢琴上摆着一份全新的乐谱。

"超高难度……"陈明翻看着乐谱，喃喃自语，感觉自己对弹奏钢琴的信心似乎跌到了谷底，消失殆尽。

已经3个月了！自从跟了这位新的指导教授之后，他不知道为什么教授要以这种方式整人。

陈明勉强打起精神，开始用十指奋战……琴声盖住了练习室外教授走来的脚步声。

指导教授是位很著名的钢琴大师。授课第一天，他给自己的新学生一份乐谱。"试试看吧！"他说。乐谱难度颇高，陈明弹得生涩僵滞、错误百出。"还不熟，回去好好练习！"教授在下课时，如此叮嘱学生。

陈明练习了一个星期，第二周上课时正准备让教授验收，没想到教授又给了他一份难度更高的乐谱，"试试看吧！"上星期的课，教授也没提。陈明再次挣扎，向更高难度的技巧挑战。

第三周，更难的乐谱又出现了。同样的情形持续着，陈明每次在课堂上都被一份新的乐谱所困扰，然后把它带回去练习，接着再回到课堂上，重新面临两倍难度的乐谱，却无论如何也追不上进度，一点也没有因为上周的练习而有驾轻就熟的感觉，因此，越来越感到不安、沮丧和气馁。

教授走进练习室，陈明再也忍不住了！他必须问问钢琴大师这3个月来何以不断折磨自己。

教授没有开口，他抽出了最早的那份乐谱，交给陈明。"弹奏吧！"他用坚定的目光望着陈明。

不可思议的结果出现了，连陈明自己都惊讶万分，他居然可以将这首曲子弹奏得如此美妙、精湛！教授又让他试弹第二堂课的乐谱，他依然发挥出超高水准的表现……演奏结束后，陈明怔怔地望着老师，说不出话来。

"如果，我任由你表现自己最擅长的部分，可能你还在练习最早的那份乐谱，就不会达到如今这样的水平……"钢琴大师缓缓地说。

可以说，陈明的老师在训练他时是有良苦用心的。但是，如果陈明面对"难度超高"的乐谱知难而退、不再进一步学习，那么他的水平也只能停留在最初的那个水平，而不会有丝毫进步。然而，他达到了老师预想的效果，不能不归功于他坚持不懈的努力。虽然起初他不了解老师的用意而颇感疑惑，但他并没有将步伐停留在疑惑上，而是按照老师的要求"回去好好练习"，才取得了将曲子弹奏得美妙、精湛的成绩。

所以，女孩们，不要对学习中的困难轻易放弃。相信自己，只要坚持，就能成功。

提高学习效率

在生活中，有许多女孩为了升学，可谓做到了"头悬梁、锥刺股"，然而收获甚微，这令她们苦恼不已。

有一位女学生向自己的老师诉苦说："以前，我总是把'吃得苦中苦，方为人上人'作为我的座右铭，不错，在很长一段时间里它激励了我，并使我高一的学习成绩极佳，跃居全班第一。可是，当我转学到咱们这所重点中学时，在班里有很多比我优秀的学生。我总以为自己还不够刻苦，就每晚延长学习时间直至深夜 12 点，可是效果却仍不及别人，总在五六名徘徊，在年级中的名次也最多十几名。当时，我一直没有找到自己的桎梏。到了高三，本来学校里的功课就非常繁忙，再加上我自己又买了一大堆课外习题，结果弄得自己整天在题海里翻腾，筋疲力尽。有一天，我突然想到，是不是我的学习方法有问题？回顾高二以来，由于没休息好，每天早自习就是我睡觉的时间；上课学习效率低，还有轻微的贫血现象……而班上许多理科好的同学大都回家不做参考书，只在课上理解！所以我悟出了一个道理——勤奋，也要讲方法。"

可见，学习效率不能以做习题的速度来评定。当然没有速度就没有效率，这里所说的效率是女孩掌握知识的程序和做习题的准确率。一名高考状元说："一分钟就要有一分钟的效率。"这话说得多好啊！是很值得我们深思的。花出一分钟的时间就要收到一分钟的效率。题海战术、疲劳战术花的时间不少，但效率很低。高考状元们确实有状元的学习效率，他们学得比较活，比较灵，而不是死读书，读死书，不搞疲劳战术。他们说："我们不打时间战，而是打效率战。"这是什么意思呢？就是强调效率，强调在相同的时间内争取更高的学习效率。

要提高学习效率，女孩可尝试以下方法：

1. 兴趣法

"知之者不如好之者，好之者不如乐之者。"就是说我们越喜欢某一事物就越喜欢接近和接纳它。

兴趣是人们行动的一种动力。只要对某些知识产生了兴趣，就会主动去理解、记忆、消化这些知识，并会在这些知识的基础上总结、归纳、推广、运用，从而做到精益求精、推陈出新，从而推动整个社会向前发展。因此，我们在学习某一知识之前，首先要建立对它的兴趣，以达到掌握的目的。

2. 专心法

专心听课是女孩获取知识、发展智能的主要途径。专心听老师的讲解、同学的发言，仔细看疑难点的演算，勤于记重点内容，有利于学习效率的提高。

3. 理解法

人都有对事物进行判断的能力，对某一事物或某一知识有认识，就会很容易地把它变成自己的知识，否则，就需要花很大的额外工夫。

4. 状态分配法

一位著名学者多次对人脑进行脑功能的测试后发现，上午8点人的大脑具有严谨、周密的思考能力，下午2点思考能力最敏捷，而晚上8点却是记忆力最强的时候。但逻辑推理能力在白天的 20 个小时内却是逐步减弱的。根据以上测试结果，建议大家早上处理比较严谨、周密的工作，下午做那些需要快速完成的工作，晚上做一些需要加深记忆的事。

有关调查表明，学习成绩优良的人，一般都在严格规定的时间内准备功课，这样做主要是使自己形成一种时间定向，一到某个时候就自然而然地产生学习的愿望和情绪。这种时间定向能使其投入学习的准备时间减少到最低限度，从而能够很快地进入学习状态。

5. 联想法

人类与动物的根本区别，就在于人有思维，有了思维，人在客观的自然和社会面前就不是无动于衷、无可奈何了，而是能够积极地促成条件，解决问题，而联想正是人类充分发展的一种象征。

在我们的学习中，联想能使我们更好地掌握知识。

历史课本中的数字枯燥无味，但是，有些事件是和这些数字紧密联系的。因此记数字就可以与这些历史事件联系起来记，这样就避免了数字之间的相互干扰，同时也增加了学习的趣味性，起到了双重效果。

6. 对比法

在学习中，当两个概念或事物的含义相似的时候，我们往往容易搞混淆，而在这个时候，运用对比法就能够搞清楚二者之间的明显区别。也就是说，它们相同的地方我们暂时不讲，我们只比较它们之间不同的地方，这些不同的地方，就是某一事物的独特特征。理解了这些独特特征，也就抓住了这一事物的本质，从而也就能掌握这一事物的有关知识。

7. 复习法

人的大脑对知识的识记是有一定规律的，教育学家们曾用遗忘曲线做了一个形象的说明，指出如果在你遗忘之前去复习、巩固它，那它就能迅速恢复并牢固记忆。孔子所说的"温故而知新"，是非常有道理的。

8. 学思结合法

2400 多年前，孔子曾指出："学而不思则罔，思而不学则殆。"意思是说：光学习，不思考，则没有所得；只思考，不学习，也很危险，搞不好学习。这说明了学习与思考的辩证关系；学中有思，思维能力才能得到锻炼和发展；思中有学，学习的知识才能融会贯通。

女孩贯彻这一原则的要求是：

要有勤奋学习的态度。华罗庚说："勤能补拙是良训，一分辛苦一分才。"勤奋是学好功课的条件之一。

独立思考与求师问疑相结合。学习者独立思考是获得知识的关键。独立思考就是要"开动机器"，机器开动了，才能出产品。学生要善于独立思考，才能增长知识，发展智能。学生还要主动求师问疑，学问学问，顾名思义，就是要有学有问。

要改变读死书、死读书的旧传统，培养读活书、活读书的新习惯。

从生活中学习

女孩们，人生处处皆有学问。生活、社会是一部浩如烟海的"无字"宝典，是一所最广阔、最优秀的大学。古往今来，无数杰出人物差不多都是从生活的实践中总结窍门、发现捷径，最终得以创造出一番事业的。

刘邦本是个毫无文化的农民，唯一的优点就是他十分擅长与人交际，他从天天与朋友喝酒赌博中，总结出与人交往的要诀，锻炼出察言观色的技巧。后来他威震海内，开创大汉基业，韩信也不由得感叹道："韩信善将兵，陛下善将将也！"

戏剧大师莎士比亚，14岁辍学，16岁打工谋生，在戏院从事最下等的工作，扫地、喊演员上场等，但是，就是在这样的环境里，他刻苦积累了一些舞台动作、念台词等方面的知识和窍门，为他以后的写作奠定了基础。

音乐家海顿，少年时候过着长期的流浪生活。可他却在居无定所的漂泊中，不断完善自己对音乐的技巧，最终成了世界交响乐之父。

托尔斯泰在基辅公路上散步时，每当他遇到农民，就主动与他们进行攀谈，并时时在小本子上记下有用的东西，因此，托尔斯泰把这条公路称作他的"大学"。

达尔文对在剑桥大学所学的专业神学毫无兴趣。于是，他除了听生物课以外，还参加科学考察活动，向社会上的教师、农夫、工人学习。达尔文说："我认为，我所学到的任何有价值的知识都是在自学中得来的。"虽然达尔文同时上了两所大学，但是，"社会大学"给他的知识要比剑桥大学给他的知识更多。

高尔基曾这样说道："这个警察比我的那些教师们更透彻、更明白地为我讲明了当时的国家机构。"高尔基从"社会大学"中读"无字书"所获得的一切，为他日后所创作的"有字之书"提供了无限的源泉。这在高尔基的自传三部曲——《童年》、《在人间》、《我的大学》之中均有体现。

歌德说得好："人不是靠他生来就拥有一切，而是靠他从生活中所得到的一切来造就自己。"

所以，女孩们不仅应该勤读与爱好、兴趣、职业有关的"有字之书"，同时还应该领悟生活中的"无字之书"。

懂得学以致用

中国有句谚语："学了知识不运用，如同耕地不播种。"有了知识，并不等于有了与之相应的能力，运用与知识之间还有一个转化过程，即学以致用的过程。

如果你储备了很多知识但却不知如何应用，那么你拥有的知识就只是死的知识。死的知识不能解决实际问题。

因此，女孩们在学习知识时，不但要让自己成为知识的仓库，还要让自己成为知识的熔炉，把所学的知识在熔炉中消化、吸收。

我们应结合所学的知识，参与学以致用的活动，提高自己运用知识和活化知识的能力，使我们的学习过程转变为提高能力、增长见识、创造价值的过程。

我们还应加强知识的学习和能力的培养，并把两者的关系调整到黄金位置，使知识与能力能够相得益彰、相互促进，发挥出巨大的潜力和作用。

近代化学家、兵工学家、翻译家徐寿与华蘅芳研制"黄鹄"号，是学以致用的范例。

徐寿在做这项工作时，并非贸然行事，而是采取了十分慎重的循序渐进的科学态度。他首先试制了一个船用汽机模型，成功后又试制了一艘小型木质轮船。在此基础上，精益求精，继续进行研究改进，最后成功制造了我国造船史上第一艘实用性蒸汽轮船。取得了成熟的经验后，徐寿又主持研制了"惠吉"、"操江"、"测海"、"澄庆"、"驭远"等多艘轮船，为我国近代早期的造船业做出了巨大贡献。

作为北京大学、南开大学等多所名校荣誉学位获得者及牛津大学荣誉院士，金庸认为，一个真正优秀的学者，要关怀社会和人民，要学以致用。

他曾说："学者应该解决人民需要解决的问题，应该对社会有贡献，应该有入世的精神。比如，对王安石变法研究的意义，远远超出考证哪个皇帝皇后的生卒年月。"

"我研究历史，也研究社会学。做学问一定要学以致用，这样的学问对社会才有贡献，才有意义。"

可见，女孩们不可一味死读书，读死书。

如果一个人完完全全将书本中的知识应用到理论与实际当中去，那么就会受到一些条条框框的束缚，这样很难有新的创造。

在历史上有很多食古不化、奉行教条而失败的例子。《三国演义》里的马谡，自称"自幼熟读兵书，颇知兵法"，但在街亭之战中，只背得"凭高视下，势如破竹"、"置之死地而后生"几句教条，而不听王平的再三相劝以及诸葛亮的叮咛告诫，将军营安扎在一个前无屏蔽、后无退路的山头之上，最后落得一个兵败地失、狼狈而逃、斩首示众的下场。

所以，想获得成功就一定要学以致用，否则生搬硬套书本上的知识，必然会给你所从事的事业带来损失。

19世纪末，制造飞机的热潮在全世界范围内一浪高过一浪。但一些知识丰富的大科学家却纷纷表态，发表自己的看法和见解，抵制飞机的制造。比如，法国著名天文学家勒让认为，要制造一种比空气重的机械装置到天上去飞行是根本不可能的；德国大发明家西门子也发表了相似的见解；能量守恒定律的发现者、著名的物理学家赫尔姆霍茨又从物理学的角度，论证了机械装置是不可能飞上天的结论；美国天文学家做了大量计算，证明飞机根本不可能离开地面。但是，令人想不到的是，1903年，连大学校门都没进过的美国人莱特兄弟凭着勇于创新的精神，将飞机送上了天，为人类做出巨大贡献。

"尽信书，不如无书。"会学，更要会用。学习的知识只有有效地运用到生活和实践中去，才会发挥其效用，否则就是一些死的没有用的东西。

第斯多惠说："学问不在知识的多少，而在于充分地理解和熟练地运用你所知道的一切。"

所以，在日常生活和工作中，我们应该把在学校里、在社会上所学到的全部知识都淋漓尽致地发挥出来。比如，一辆汽车冲入了泥坑不能上来，一个人用尽力气推了半天，车还是没有上来。而另一个人则把几个滑轮挂在旁边的树上，又把几个挂在车上，然后用坚韧的绳子串起来，不用很大的力气就把车拉了上来，这个人显然是运用了物理学中省力做功的原理。

生活中，女孩们应如何学以致用呢？

1. 将你的学习内容与目前和今后的生活、工作加以对比，以便清楚自己需要学习什么知识才能提高能力、学习什么知识才有利于全面发展。

2. 对于已经学习过的知识，可以用实际操作的方式加以验证。比如，学了物理电学后，可以去安装电灯、安装或维修半导体或电子管收音机；

依据压力的定义，通过实际操作去测定某一重物对支持物所产生的压力等。

3. 把所学得的知识应用到社会实践中，综合地利用各门学科的知识。例如，学过化学后，参加化工厂的实际操作；或者运用物理学的力学原理去进行某种工具的改革等。

学习要选用适合自己的方法

有许多女孩常常抱怨："我读的书并不比××少，而且我回家还要继续学习到夜里 11 点才休息，可为什么我的收获没有他大呢？"实际上，如果你和他在其他方面的条件均相同或相近的话，那么只能说你没有找到适合自己的学习方法，以致浪费了很多时间，收效却不大。选择了科学的、适合自己的学习方法，方能立竿见影、事半功倍。

许多成功者创造的方法，女孩或可直接"拿来"，或可结合自己的实际，加以改进和创造。如数学家华罗庚将书由厚变薄看作阅读能力提高标志的"厚薄法"；理学家朱熹读书的心到、眼到、口到的"三到法"；儒学家子思"博学之，审问之，慎思之，明辨之，笃行之"的"五步法"；学者陈善的"既能钻得进去，又能跳得出来"的"出入法"；孔子"学而不思则罔，思而不学则殆"的"学思结合法"；孟子"尽信书不如无书"的独立思考法；韩愈的"提要钩立法"；俄国生理学家巴甫洛夫的"循序渐进法"；哲学家狄慈根的"重复法"，等等。

史学家陈垣谈读书时，提倡读几本烂熟于心的"拿手书"，好似建立了几块治学的"根据地"。他自己就有一些经常翻阅的"拿手书"，对这些书他都熟读，有的内容还能背下来。

作家秦牧提倡读书将牛嚼和鲸吞结合起来，即每天吞食几万字的文章、书籍，再像牛的"反刍"，反复多次、细嚼慢咽。王汶石创造了对代表作要三遍读的读书法，即第一遍通读，尽享作品之美，让自己沉醉其间；第二遍是"大拆卸"，仔细考查每一部分的特色、优劣及写作技巧；第三遍又是通读，获得对写作技巧的完整印象。

著名学者朱光潜实践的边读书边写作法，夏丏尊认为"由精读一篇向四面八方发展"的读书法，李平心的随时"聚宝"勤做研究的方法，都是一种创造。

大凡成功者读书的方式都与众不同，女孩们可以学习一些他们积累知识的方法。

第一种："善诵精通"。

郑板桥不但是"康熙秀才、雍正举人、乾隆进士"，还是中国清代著名画派"扬州八怪"的领袖人物。郑板桥有三绝、三真。三绝分别是画、诗、书，三真分别是真气、真意、真趣。

郑板桥在读书的学以致用之中总结出了"善诵精通"的读书方法，他认为读书必须有方法，必须要记诵。他曾这样描述过他读书时的情景："人咸谓板桥读书善记，不知非善记，乃善诵耳。板桥每读一书必千百遍，舟中、马上、被底，或当食忘匕箸，或对客不听其语，并非自忘其所语，皆记书默诵也。"

郑板桥不仅主张善诵，而且推崇"学贵专一"，即读书不能泛泛而读、毫无目的，而应该有选择、有针对性。因此，女孩可以从郑板桥的读书方法中得出这一宝贵经验：在记诵时讲究"善"与"精"两个字。

第二种：追本求源。

著名的作家、学者钱钟书先生也是一位爱书之人，他从小就酷爱读书，被世人称为"书痴"。钱钟书的读书方法是"追本求源读书法"。"追本求源读书法"就是在读书时发现问题后，与多种读物相联系，经过详细的分析、比较、求证之后，求得一个能解决问题的读书方法。

下面的这个例子向我们展示了钱锺书先生是怎样"追求本源"的。

清代袁枚在《随园诗话》里曾批评毛奇龄错评了苏轼的诗句。

苏轼在诗中说："春江水暖鸭先知。"而毛奇龄评道："定该鸭先知，难道鹅不知道吗?"

袁枚对此事觉得既好气又好笑,认为如果要照毛奇龄的看法,那么《诗经》里的"关关雎鸠,在河之洲"也是一个错误了,难道只有雎鸠,没有斑鸠吗?

袁枚与毛奇龄的这场笔墨官司,到底谁是谁非,钱钟书并没有草草了事,他要追本求源。

经钱钟书查找《西河诗话》,得知毛奇龄的意思是:苏轼模仿唐诗"花间觅路鸟先知"而得来。原来,人在花间觅路,自然鸟比人先知,而动物均可感觉到冷暖,苏轼为何只说鸭先知,而不说鹅先知呢?那当然是个错误。

但钱钟书仍不罢休。他又找来了苏轼的原诗《惠崇春江晚景》,诗中说道:"竹外桃花三两枝,春江水暖鸭先知。"原来苏轼的这首诗是为一幅画而作的,由于画面上有桃花、春江、竹子、鸭子,所以,苏轼在诗中写道"鸭先知"。看来苏轼并没有错,而是毛奇龄错了。

为进一步弄清事实,钱钟书又找出了张渭的原作《春园家宴》,原诗写道:"竹里登楼人不见,花间觅路鸟先知。"人在花园里寻路,不如鸟对路熟悉,这是写实。而苏轼在诗中说鸭先知,是写意,意在赞美春光,这是画面意境的升华,是诗人的独特感受,看来苏轼"鸭先知"之句无论从立意或是内涵来说都要比张渭之句高出一筹。

也许你可以从上面所说的方法中找到一个最适合自己的,但更多的时候你会发现,生搬硬套别人的学习方法到自己这里就行不通了。这时,女孩就要对这些方法做适当调整、修改,使之更适合自己,为自己服务。

第九章

勤于思考——智慧决定女孩的前程

思考孕育力量

提起思考，有人会说："思考？那是科学家、发明家和伟人的专利，我们可没有机会。"甚至有人说："现在工作太忙，我哪有多余的时间和精力去思考。"

事实真的如此吗？当然不是。思考并不是科学家、发明家和伟人的专利，像你我这样的普通人同样有思考的权利，因为脑子是自己的，思考之权应该握在自己手里。毕竟，我们的一切活动，包括人际交往、对目标追求的手段和方式以及对更高层次生活的向往，等等，都是由思考决定的。

所以，从成功这个意义上说，人的成就首先是"想"出来的，是在正确思考后，采取行动做出来的。

思考是大脑的活动，人的一切行为都受它的指导和支配。思考虽然看不见、摸不到，但它真实地存在着。有什么样的思考方式，就会有什么样的命运。如果你的思考和自信、成功、乐观联系在一起，那么你会有一个圆满的人生；如果你总是想到自卑、失败、忧愁，总是小心翼翼、蹑手蹑脚，那么你的命运也不会好到哪里去。

成功人士为什么会成功？说到底是因为他们具有独特的思考技巧，是思考决定了他们的成功。

美籍华人李政道教授在一次同中国科技大学少年班学生座谈时指出："为什么在理论物理领域做出贡献的大都是年轻人呢？就是因为他们敢于怀疑，敢问。"他还强调说："一定要从小就培养学生的好奇心，要敢于提出问题。"

爱因斯坦说："提出一个问题比解决一个问题更重要。"能否提出独特的问题对一个人的创造能力是非常重要的。一个人善于动脑和思考，就会不断发现问题。对女孩而言，学会提问更是学习积极主动的表现，有疑而问，由问而思，有利于培养创新精神和创造能力；相反，如果提不出问题，说明你的学习过程还不够深入，对自身能力的培养还不到位。

古人云："学贵有疑"，"学则须疑"。提问是获取知识的重要途径，去积极思考、积极主动地提问。要学会提问，就需经历一个从敢问到善问的过程。我们应多参与社会实践活动，丰富自己的知识，与他人多交流、相处，提高自己的胆量，敢于在众人面前表现自己。

养成善于自我提问的习惯，能提出有价值的问题，是心到的结果，是解决问题的前提。从某种意义上说，学习的过程是一个不断提出问题、不断解决问题的过程。养成"非思不问"的习惯，在深入思考的基础上提出问题，这样的问题才会是高质量的。而在你多提问的过程中，你也就多了几分把握，多了几成成功。

自古盖房子出售，都是先盖好房，再出售，对此，霍英东反复问自己："先出售，后建筑不行吗？"

正是由于霍英东这一想法，使他摆脱了束缚，迈上了由一介平民变为亿万富豪的传奇般的创业之路。

霍英东是中国香港立信建筑置业公司的创办人。在香港居民的眼中，他是个"奇特的发迹者"。"白手起家，短期发迹"、"无端发达"、"轻而易举"、"一举成功"，等等，这些议论将霍英东的发迹蒙上了一层神秘的色彩。霍英东的发迹真的神秘吗？不，他主要是运用了"先出售、后建筑"的高招。

霍英东还有另一个可贵的品质，那就是不错过任何一个机会来发展自己的事业。霍英东独具慧眼，他看出了香港人多地少的特点，认准了房地产业大有可为，于是毅然倾其多年的积蓄，投资到房地产市场。1954年，他着手成立了立信建筑置业公司。他每日忙于拆旧楼、建新楼，又买又卖，大展宏图，用他自己的话说，他"从此翻开了人生崭新的、决定性的一页"！

如果说霍英东早年经营航运业是他创业初期练兵的话，那么他过人的经营理念则在经营房地产业的过程中得到了充分的体现。在这之前的房地产业，都是先花一笔钱购地建房，建成一座楼宇后再逐层出售，或按房收租。而后来则"变了个戏法"，即预先把将要建筑的楼宇分层出售，再用收上来的资金建筑楼宇，来了一个先售后建。这一先一后的颠倒，使他得以用少量资金办了大事情。原来只能兴建一幢楼房的资金，他可以用来建筑几幢新楼，甚至更多；同时，他又能有较雄厚的资金购置好地皮，采购先进的建筑机械，从而提高建房质量和速度，降低建造成本；更具竞争力的是他的楼宇位置比同行的更优越而价格却比同行的更低廉。而且，有时他还采用分期付款的预售方式，使人人都能买得起。霍英东的方法真是高，他开创了大楼预售的先河。为了推广先出售后建筑的"戏法"，霍英东率先采用了小册子及广告等形式广为宣传。他说："我们开展各种宣传，以便更多的有余钱的人来买。譬如来港定居或投资的华侨、侨眷，劳累了半生略有积蓄的职员、赌博暴发户、做其他小生意荷包胀满的商贩，都可以来投资房地产。谁不想自己有房住？只有众多的人关心它、了解它、参与它，我们的事业才有希望。"霍英东的广告效果颇为不错。立信建筑置业公司在短短的几年里所营建、出售的高楼大厦就布满了香港地区，打破了香港房地产买卖的纪录。这个既不是建筑工程师出身，又非房地产经营老手的水上"穷光蛋"，用不长的时间便成了赫赫有名的楼宇住宅建筑大王、资产逾亿万的大富豪。霍英东名下的公司有60余家，大部分都经营房地产生意，或与房地产关系密切。由他生前担任会长的香港地产建筑商会，经营着香港70%的建筑生意。

霍英东通过向自己提问成就了成功创富的大业，值得女孩学习和借鉴。

女孩要想成就大事，首先得学习思考，思考你自己，向自己提问题，只有这样才能在问题中把握方向，你成功的路才会越走越轻松！

推翻权威，走出思维定式

世上最可悲的人，是处处都依赖别人的人。成功人士都知道，做每一件事都要有主见，有自己独立的人格，靠天靠地不如靠自己。如果不打开自己的心，走出思维定式，就不会成为一个明白的人。所以，只有推翻权威，不依赖经验，成功的机会才会更多。

有人群的地方总会有权威，人们对权威普遍怀有尊崇之情，本来无可厚非，然而对权威的尊崇到了盲从的程度，就会成为一种思维的枷锁。

打破权威枷锁，先要了解它是如何戴上的。

人们从很小的时候就已亲身体验到：服从权威能够从中得到好处，抗拒权威就要吃苦头，就像下面这个例子。

一位老师上课时告诉学生们，硫酸是有腐蚀性的，它能够除掉铁锈，恢复铁器光亮的表面。但是，如果不小心把硫酸滴到衣服上，就会烧出一个洞。

一个学生听了老师的话，用硫酸擦了一只生锈的铁锅，果然擦得锃亮，得到妈妈的夸奖，于是他说："老师真是了不起，听他的话，我尝到了甜头！"另一位学生也听了老师的话，故意把硫酸滴到自己的衣服上，结果衣服上烧了一个洞，挨了老爸一顿训。于是她想："老师真是了不起，不听他的话，我吃了苦头！"

于是，一个权威枷锁就这样戴上了。

第二个权威枷锁是由于自身对某方面知识的缺陷所形成的。一个人一生中通常只能在一个或少数几个专业领域内拥有精深的知识，在专业领域之外，为了弥补自己的无知，以应不时之需，只好求助于各领域的专家。在大多数情况下，人们按照专家的意见办事，总能得到预想的成功，如果不慎违反了专家的意见，总会招致或大或小的失败。久而久之，第二个权威枷锁也戴上了。

不敢突破权威的束缚，也就丧失了创新思考的能力。敢于推翻权威，本身就是一种胆识、一种创新。

亚里士多德认为自由下落的物体重量越大，下落速度越快，重量越轻则下落速度越慢，伽利略对这位权威的理论提出质疑，他设计了一个巧妙的实验，便把流传一千多年的权威理论推翻了。

尊重权威很正常，假如一味地跟随权威，就不正常了。所有的事都由权威决定了，自己的脑袋还能干什么？

如果你有迷信权威的习惯，奉劝你把它从你的思想中拉出去，一棍子打死，省得它占据你的思想。

习以为常、耳熟能详、理所当然的事物充斥着我们的生活，使我们逐渐失去了对事物的热情和新鲜感。经验成了我们判断事物的唯一标准，存在的当然变成合理的。随着知识的积累、经验的丰富，我们变得越来越循规蹈矩，越来越老成持重，于是创造力丧失了！想象力萎缩了！思维定式已经成为人类超越自我的一大障碍。

所以，推翻权威理论，走出思维定式，换一个角度来思考，往往会柳暗花明，给我们带来惊喜。

由此可见，权威理论也只是在一定时期一定场合才适合，它不是万能的，只有敢于打破常规，才能发现新的契机，而这个契机正好可以成就你。

所以，女孩遇事要多问几个"为什么"，多提几个"怎么办"，从事实出发，从需要出发，去思考问题，探索问题，寻找新的方法、新的答案、新的结论。

正确思考9步走

约翰博士是美国的大教育家、哲学家、心理学家、科学家和发明家，他一生中在各种艺术和科学上做了许多发明，有许多发现。约翰博士的个人生活体现了他锻炼脑力和体力的方法可以培养健康的身体，并促进心智的灵活。

拿破仑·希尔曾带着介绍信前往约翰博士的实验室去见他。当希尔到达时，约翰博士的秘书告诉他说："很抱歉……这时候我不能打扰约翰博士。"

"要过多久才能见到他呢？"希尔问。

"我不知道，恐怕要3小时。"她回答。

"请你告诉我为什么不能打扰他，好吗？"

她迟疑了一下然后说："他正在静坐冥想。"

希尔忍不住笑了："那是什么意思啊——静坐冥想？"

她笑了一下说："最好还是请约翰博士自己来解释吧。我真的不知道要多久，如果你愿意等，我们很欢迎；如果你想以后再来，我可以留意，看看能不能帮你约一个时间。"

希尔决定要等，这个决定真值得。下面是希尔所说的经过情形：

"当约翰博士终于走进房间里时，他的秘书给我们介绍，我开玩笑地把他秘书所说的话告诉他，在他看过介绍信以后高兴地说：'你想不想看看我静坐冥想的地方，并且了解我怎么做吗？'于是他领我到了一个隔音的房间里，这个房间里唯一的家具是一张简朴的桌子和一把椅子，桌子上放着几本白纸簿、几支铅笔以及一个可以开关电灯的按钮。

"约翰博士说他遇到困难而百思不解时，就走到这个房间来，关上房门坐下，熄灭灯光，让自己进入深沉的集中状态。他就这样运用'集中注意力'的方法，要求自己的潜意识给他一个解答，不论什么都可以。有时候，灵感似乎迟迟不来；有时候似乎一下子就涌进他的脑海；还有些时候，至少得花上两小时的时间才出现。等到念头开始澄明清晰起来，他立即开灯把它记下。"

约翰博士曾经把别的发明家努力过却没有成功的发明重新研究，使它尽善尽美，因而获得了两百多种专利权。他就是能够加上那些欠缺的部分——另外的一点东西。

约翰博士特别安排时间来集中心神思索寻找另外一点。他很清楚自己要什么，并立即采取行动，因而他获得了成功。

由此看来，正确的思考方法具有巨大的威力。那么正确的思考步骤如何走呢？

1. 明白你想要做什么？翻开你的思考成功笔记，将你喜欢或你做得很好的事情列成一个清单。把什么事情都记下来——蠢事、新鲜事和你感兴趣的事。检视一下你的清单，并想想你要如何成功。让思想飞舞，写下你所有的想法，甚至看来好像疯狂或不切合实际的想法。酝酿了好多天的想法常常由于没有记下来而无法实现。

2. 别束缚你的思考。你心中有什么想法？这些或许是不可能的、愚蠢的或好笑的，但把它们记下来，过段时间再拿出来看，你说不定会找到个"金矿"。

3. 对新奇事物保持接受的胸襟，然后进一步探究。这项新产品或意见会引发什么新想法？它的用途及前景如何？而我们可能要创造什么样的前景？

4. 走进别人的创造天地，真心协助他人。找出他们特殊、非比寻常的能力，并助其开花结果。你可以替他们规划产品和开发市场。

5. 抓住机会。最佳时机常常稍纵即逝，你应提高警觉！

6. 把别人的需求找出来。将这些可以满足他人需求的事情写下来！以你所熟悉的事物为主题来写部书，或是从你"喜欢做的事"的清单上挑选个主题。其他人或许可以从你的知识里获得好处，去满足一个需求——将你专业领域里的那道信息鸿沟填满。

7. 多点服务。许多旧式的服务已经消逝了，这个领域空了下来，而它正等待一个聪明的经营者来占领。不要只是想着提供新式的服务项目，而要将旧的、有必要的再找回来。你想要有什么样的服务项目？着手去做吧！

8. 付出大于所得，这是成功最大的秘诀。假如你是那种扬言收一分钱便只做一分事的人，那你一辈子都是薪水的奴隶。

9. 你还在犹豫什么？马上行动吧！不要用一些"我没有足够的钱"、"我了解得不够"、"还没做好准备"等借口来拖延。一旦想法出现，就顺着去做，只有这样才能收获报酬。

女孩要学会独立思考

思考好比播种，行动好比果实，播种越勤，收获也越丰盛。一个善于独立思考，才能品尝到丰收的喜悦。

要知道，没有独立思考，就没有独立性。美国的教育之所以如此成功，就是因为特别推崇孩子的独立思考。

美国人非常喜欢看笑星比尔·考斯比主持的电视节目《孩子说的出人意料的东西》。这个节目在让你捧腹的同时，也让你深思。

有一次，比尔问一个七八岁的女孩："你长大以后想当什么？"

女孩很自信地答道："总统。"全场观众哗然。

比尔做了一个滑稽的吃惊表情，然后问："那你说说看，为什么美国至今没有女总统？"

女孩想都没想就回答："因为男人不投她的票。"全场一片笑声。

比尔："你肯定是因为男人不投她的票吗？"

女孩不屑地说："当然肯定。"

比尔意味深长地笑笑，对全场观众说："请投她票的男人举手。"伴随着笑声，有不少男人举手。

比尔得意地说："你看，有不少男人投你的票呀。"

女孩不为所动，淡淡地说："还不到三分之一。"

比尔做出不相信又不高兴的样子，对观众说道："请在场的所有男人把手举起来。"在哄堂大笑中，男人们的手一片林立。

比尔故作严肃地说："请投她的票的男人仍然举手，不投的放下手。"

比尔这一招厉害：在众目睽睽之下，要大男人们把已经举起的手再放下来，确实不太容易。这样一来，虽然仍有人放手下来，但"投"她的票的男人多了许多。

比尔得意扬扬地说道："怎么样？'总统女士'，这回可是有三分之二的男人投你的票啦。"

沸腾的场面突然静了下来，人们要看这个女孩还能说什么。

女孩露出了一丝与童稚不太相称的轻蔑的笑意："他们不诚实，他们心里并不愿投我的票。"

许多人目瞪口呆，然后是一片掌声，一片惊叹……

看，这就是典型的美式独立思考。即使是在世界首富面前、众目睽睽之下，女孩仍然能保持着自己的个性，坚持自己的想法。这种教育也许不是最好的，但却能充分开发孩子的大脑，激发孩子的天赋，让孩子能走上最适合自己的一条路。

一个善于独立思考的孩子，才能品尝到金秋的琼浆玉液，享受到大地赐予的丰收喜悦。所以，女孩要培养独立思考的习惯，创造一个思考的空间。

伟大的物理学家爱因斯坦说："学会独立思考和独立判断比获得知识更重要。不下决心培养思考习惯的人，便失去了生活的最大乐趣。思考、思考，我就是靠这个学习方法成为科学家的。"

那么，女孩要如何学会独立思考呢？在机械的记忆和死板的活动中是不能学会思考的，只有在思考中玩耍，在思考中学习，才能学会思考。

1. 创造一个思考的氛围。环境和氛围，对培养思考能力非常重要，也是基本的前提。要有一个平和温馨的环境，要有单独玩耍的时间和空间，不要给自己太大的压力。

2. 多问几个"为什么"，留给自己思考的余地，要提出自己的想法。

女孩经常在问号中思考，通过自己的思考和家长的启发，就能学会思考，自小养成爱思考的良好的行为习惯。

3. 自己的事情自己做。众所周知，独生子女普遍存在着一个不良的性格特征，其中之一就是懒惰。由于成人过分的包办代替，长此以往，孩子懒于动手动脑，不愿独立思考。所以，女孩要培养独立性，自己的事情自己做，遇到困难要想办法自己去解决，学会独立思考。只有这样，女孩在独立的基础上创造能力才会不断发展。

女孩学会独立思考，才会让我们日后看到有创新、有个性的人才。因此，女孩要大胆地想、勇敢地说、果断地做……

成功就是一直领先半步

刚看到这个题目，有人就会问了：成功需要保持领先的优势容易理解，比如一个企业要在市场中立足、有大的发展，就要有领先的设备和生产技术，要有领先的管理模式，还要有领先的思维方式。但为什么偏偏是领先"半步"，而不是"一步"或"两步"呢？

这里说的"半步"，绝不是故弄玄虚地说文字游戏，而是有科学道理的。领先半步，既不是领先别人一步，也不是同步或滞后。这是一种理想的状态：不急不躁，不紧不慢，恰到好处，其实这正是思维超前的一种智慧。这是一个竞争异常残酷的世界，如果你过分超前，有可能会成为"出头鸟"，会引来不必要的麻烦。而只有适度超前才是最可取的方式，既不会引来别人的侧目或攻击，又能走在别人的前面。

在日本，被称作"电子之父"的松下幸之助，就是这样一位富有智慧、善于洞察未来的成功人物。每当人们问及他成功的秘诀时，他总是淡淡一笑，说："靠的是比别人走快了半步。"这就是松下幸之助的"金点子"。

松下幸之助在确立自己事业的方向上，靠的就是超前的思维方式和谨慎的决断力。严格地讲，松下幸之助能同电器结下不解之缘并没有必然的原因，他的祖上务农，父亲在贩米行工作，而他进入社会首先是涉足商业，所有这些都与电器制造相隔甚远，况且有关电的行业在当时只是凤毛麟角。然而，他深信电作为一种新式能源，给人类带来方便的同时，也会给自己带来更多的机遇。灿烂的电器时代如同电灯一样将会照亮人类生活的每个角落，因此，投身电器制造，也一定会前途光明。尽管在开始的时候，他遇到了产品、资金等各方面的困难，然而，这种超前意识使他具有了坚定的信念和必胜的信心。正是由于"比别人走得快了半步"，才使得松下电器从无到有，从小到大。

第二次世界大战之后，遭受战争摧残的人民，尽管面对着经济的低迷，但是在盼望和平的日子里又重新燃起对生活和工作的热情。睿智的松下幸之助又超前地看到新环境将带来世界性的家电热，这对于松下电器是一次发展壮大的难得机会，挑战更是艰巨而又严峻的。松下幸之助正是凭借着"比别人走得快了半步"，大刀阔斧地进行机构调整和技术改革，从而使松下电器在新的挑战和机遇中得到了前所未有的发展。

松下幸之助在20世纪50年代第一次访问美国和西欧时发现：欧美强大的生产力主要基于成熟的体制和现代的科技，尽管日本在上述方面还相当落后，然而这一趋势将是历史的必然。松下幸之助正是超前地把握住了这一趋势，在日本产业界率先进行了体制改革。行政管理上给予产业充分的自主权，建立了合理的劳资体制和劳资关系；经济上他对日本的低工资制进行改革，使员工工资几乎接近美国水平，同时还建立了必要的员工福利制度，使员工的物质利益得到充分满足；劳动制度上实行每周 5 天工作日，这在当时的日本还是第一家。松下幸之助认为：这一改革并非单纯增加一天休息，而是为了进一步促进产品的质量，休息是为了更好地工作；愉快的假日情绪会带来更出色的工作效率。只有这样，生产才能突飞猛进，效益才能不断提高。

松下幸之助就是不断顺应时代要求，思路总比别人领先半步，并不断地将有价值的改革思路果断地运用到公司经营中，最终使得松下成为国际知名电器品牌。

许多杰出人士都深刻地理解领先半步的生存智慧。

杰出人士刘永好一向稳健的风格和超前的思维能力决定他不会是一位盲目的昙花一现的狂热企业家。他能够将"希望"和"新希望"经营得如此成功的秘诀及智慧所在就是：永远领先半步的超前思维。既不过分超前，引来旁人的侧目，成为先驱的实验品，也不可滞后，迟疑不决，反应迟钝，而是要"适度超前"。

新希望集团现在取得的辉煌，再一次确证了刘永好的"超前"思维在企业发展中的重要作用。

这个"超前"有一个非常微妙的尺度，对于他意味着"适度超前半步"。

例如，别人没有下海，他下海了；别人没有投资农业，他投资了；别人没组建集团时，他组建集团了；别人没有兼并收购，他已经兼并收购了多家企业；别人还没有在金融领域投资时，他已经成为民生银行大股东之一。

具有超前思维的刘永好，其判断总是与潮流存在一个时间差。例如多元化的说法甚嚣尘上时，他则专注于把饲料业做大；而最近一段时间，大家开始讲专业化时，刘永好又开始了向房地产、金融甚至高科技领域渗透；当房地产成为暴利行业时，他拒绝加入；而当房地产进入微利时代时，他又加入战团，而且一出手就是成都最大的房地产项目。

刘永好的适度超前的思维理论，使得他的企业总是能在商场争夺战中稳中求胜，他始终明白该在什么时候进入某一领域，该以什么样的速度行进，"一直领先半步"的超前思维，就是快一点太冒进，慢一点太保守。这样的中庸之道既不激进又不落后，建立在这一理论之上的企业当然就长盛不衰了。怪不得有人这样评价刘永好：一个很有自豪感的人，一个很骄傲的人，一个很狂妄的人，但也是一个很谦虚的人。他的骄傲与狂妄使他敢于比别人快，敢于领先；他的谦虚又使他的头脑清醒，懂得"半步"哲学。他的这些特点也注定了他的"希望"总能让人充满希望。

女孩们可能还没有步入社会，或者刚刚踏进社会的大门，还在寻找方向，但不论是在学习、生活，还是工作中，女孩们都应该学习这领先半步的智慧。它并不是商人的专利，而是适用于每一个人。

"笨鸟先飞早入林"告诉我们要领先，"木秀于林，风必摧之"讲的是领先的尺度要把握好。女孩们要随时保持领先的意识，因为有了想法和目标，才会更有动力去奋斗；但在前进的途中也要学会保护自己，领先半步才是恰到好处的。

在学习中，女孩们要领先。领先并不等于分高，领先是指主动地学习、开阔视野、提高综合素质。大家应该注重学习方法的选用，保持对学习的浓厚兴趣，多读经典书籍，多接触外面的世界，多参加有意义的课外活动，努力培养自己独立思考和动手的能力。

在生活中，女孩们要领先。大家要学会独立生活，自己管理好自己的事情，获得成功不骄傲，遇到挫折不气馁，争做生活的强者。

在工作中，女孩们也要领先。大家要制订好工作计划，并果断地将好点子运用到工作中。女孩们要培养敏锐的洞察力，保证在机遇来临时不错过；女孩们要培养果断的决策力，保证工作不能拖沓，思路有新意，创造有成效。

做到了这些，女孩们才能在这个竞争日趋激烈的社会中立于不败之地。

女孩要自己思考

女儿今年5岁了，马上就该上小学了。可是她太顽皮，一点都不听话，比猴子还淘气。为了不让女儿输在起跑线上，我就给女儿请了一个据说"很厉害"的家教，跟她说："你可以用任何方法，只要能管住这个野孩子就行！"

没过多久，这个家教就把我女儿训得跟霜打的茄子似的，时不时传出女儿的大哭大闹声。刚开始我还有些不忍心，但一想到女儿不能输在贪玩和任性上，就狠心装作没听见。

一个月过去了，女儿不哭了，让她干嘛就干嘛，变得非常乖。又过了一段时间，女儿变得更加文静了，连话都很少说，成天专心致志地学画画、学钢琴。

以前开饭的时候要满世界叫她，现在可好，我赶她出去玩吧，没多大会儿她自己就回来了，说没什么好玩的。我心里那个美啊。

转眼女儿上小学了，我对她很有信心，感觉已经把她调教得够好了。事实上也是这样，女儿学习很出色，很听老师的话。高兴之余，我总觉得什么地方不大对劲，一时半会儿又想不出来到底是哪儿不对劲。终于有一天，老师开家长会的时候跟我说了一件事。

老师说："您的女儿虽然聪明，可是非常呆板。比如说上次让孩子们画画，很多孩子都动笔画了，您的女儿却不动笔。我过去一问，您女儿说：'老师，您还没布置呢，我不知道该画什么。'我说：'想画什么就画什么，自己拿主意就行。'您女儿却说：'我自己有什么主意啊？'"

听了老师的话，回到家我真想拉过女儿打她一顿，后来觉得应该给她个机会，就把她拉过来问："女儿，1加3等于几？"女儿低着头小声说了个 4，然后偷偷地拿小眼睛看我。我说："不是 5 吗？"她就说："是的，是的，是 5，妈妈我错了，是 5。"当时我那个气啊，女儿怎么变成了这么没主心骨了呢？我正要打她，心里"咯噔"一下：女儿变成这样，不都是我造成的吗？

女孩能听进父母的建议当然是好事，但是过于听话的孩子可能不仅仅在听取建议，同时也可能在逐渐的自我压抑中失去思辨能力。过于听话的女孩缺乏生命力。一般来说，太听话的女孩都有一种通病：缺乏激情。因为她们不管是学习还是做别的事情，都不是发自内心，而是为了满足父母及家人的期待。要做有出息的女孩，就要自己多动脑思考，有自己的主见，而不要凡事都听父母的，那样对自己的成长和事业发展都是极为不利的。

不少女孩之所以能成为活泼、具有反抗精神和思辨能力的人，实际上就因为她们在某一时期体验过自己的主张，并以这些实际体验为基础，通过进一步学习来表现自己的想法和主张。

女孩很早就开始思考这个世界，思考她遇到的一些事，并逐渐从这种思考中形成自己的想法。

有的父母比较强势，喜欢按照自己的意愿来控制孩子的头脑，这样做其实很伤害女孩，很可能她听话了、顺从了，但她的心灵却是一片空白。父母应当允许女孩把自己的意愿和想法表达出来。

美国总统富兰克林的母亲做得就很好。在一些非原则性的问题上，她只是给小富兰克林提些建议，她完全尊重富兰克林自己的意愿和想法。

富兰克林 5 岁时，有一天，他忧郁地对妈妈说："妈妈，我不快乐，因为我并不自由。"母亲觉得自己可能对孩子管教得太严格了，导致孩子抵触反抗她的管制。于是，她决定多给孩子一些自由。

第二天，母亲就开始这样做了，她对儿子的日常生活不作规定，让富兰克林自由地做他喜欢做的事情。

富兰克林似乎很高兴，并开始了他的自由生活。结果他发现，受人忽视的自由其实一点儿都不好玩，后来，他又开始让妈妈安排日常的生活。

不思考的徒弟永远出不了师

有一位擅长画猫的画家，由于画技高超，笔下的猫都栩栩如生，以至于许多人把他的画买回去挂在家里后，家里的老鼠都逃光了。因此，画家被人们誉为"猫王"。

不过，这位画家性格比较古怪，一生只带了两个徒弟：孙超和王品。

一天，画家把二徒弟王品叫到跟前，说："你可以出师了，你不但学到了我画猫的全部技巧，而且还在很多方面超过了我。"二徒弟王品说什么也不愿意离开师傅，但画家态度坚决，王品只好含泪辞别了师傅。

大徒弟孙超见此，便心急火燎地找到画家说："师傅，我也要出师。您为什么只让师弟出师呢？要知道我比他还早来半年呀！"

"的确，你跟我学画的时间比他长一点，但是，你这辈子恐怕也出不了师了。"画家严肃地说。

"为什么？"大徒弟孙超极为不解。

"你跟我学画，只知模仿，却没有任何创新，也就是说，你是在用手画画。而你师弟呢，则是用脑子画画，他画的猫在很多细节方面已超越了我。你的基本功虽然很扎实，但不善于思考，不善于用脑，这就是你永远出不了师、也永远无法超越你师弟的原因。"大徒弟孙超听后，不服气地走了。

若干年后，大徒弟孙超画的猫在市场上无人问津，而二徒弟王品则成了远近闻名的"猫神"，人们都说他画的猫已超过了师傅。

苏霍姆林斯基说："在学生的脑力劳动中，摆在第一位的并不是背书，不是记住别人的思想，而是让学生本人进行思考，也就是说，进行生动的创造……"不经思考，没有自我创造的学习是不成功的，只能跟在别人后面亦步亦趋。女孩们，如果你们不勤于思考，而只是"走马观花"，学得一点皮毛知识，那么，就算你们已经学过了很多知识，到头来这些知识也难以给你提供一个美好的前途和成就。

善于思考的人是有足够智慧的人。思想家爱默生说："伟人都知道用思想来掌握世界。"思想是世界上所有成功、富裕和快乐的来源，人类的所有智慧也都存在于思想之中。历史上所有伟大的发现和发明，都是灵感和思考的结果。思想主导着你的意识，决定你的个性、职业及生活中的每一个层面。

古希腊哲学家苏格拉底曾经说过："未经审视的生活是不值得过的生活。"思考如此重要，但它又是最辛苦的工作，难怪很少有人认真去做。但是一个有智慧的人，往往能够通过思考摆脱窘困的状态，一步步实现自己的目标。

积极思考是一种智慧力量，如果一件事不经过思考就去做，那肯定是鲁莽的，除非你特别幸运。但幸运并不会时时光顾你，所以，最保险的办法是"三思而后行"。但"思"也并不是件简单的事，思考也有它的特点和方法。你必须从以下几方面入手：

1. 质"疑"。学起于思，思源于疑。心理学认为：疑，易引起定向而探究反射。有了这种反射，思维便应运而生。

2. 引"趣"。凡是富有兴趣的东西，多能引起人们的思维。

3. 勤"学"。知识是思维的动力，一般说，学习愈勤奋，知识愈丰富，思维就愈敏捷。

4. 攻"难"。思维的"脾性"是不爱和容易的问题打交道，而喜欢同疑难的问题交朋友。

5. 动"情"。俗话说："知情达理。"先动以情，引发思维，再达到通晓于理。

6. 求"变"。将现有的知识结构进行调整，重新组合，可以激发思维，对已熟悉的事情变换一个角度来认识，可以引起新的思考。

只有养成了独立思考的习惯，我们才能在风风雨雨的事业路上独闯天下。独立思考是一个人成功的最重要、最基本的心理素质，做一个成功人士，并且在所进行的创造中获得无穷的乐趣，这是独立思考的真谛所在。

第十章

惜时如金——帮女孩延长人生长度

充分利用闲暇时间

如果你总感觉学习或工作的时间不够用，不妨试试将闲暇时间充分利用起来。

闲暇时间也称作零碎时间，是指不构成连续的时间或一个阶段与另一个阶段衔接的空余时间。由于这样的时间不起眼，往往被人们毫不在乎地忽略过去。零星时间虽短，但若一日、一月、一年地积累起来，其总量也是相当可观的。充分利用闲暇时间，短期内也许没有什么明显的效果，但日子久了，一定会有惊人的成效。

我国宋代文学家欧阳修说："余平生所做文章，多在三上——马上、枕上、厕上。"

三国时董遇读书的方法是"三余"：冬者岁之余；夜者日之余；阴雨者晴之余。也就是说充分利用寒冬、深夜和阴雨天，在别人休息的时间发奋苦学，他还认为"三余广学，百战雄才"。

看来，闲暇时间里确实蕴藏着伟大的力量，它足以使你成为不同寻常的人。

著名美国作家杰克·伦敦的房间有一种独一无二的装饰品，那就是窗帘上、衣架上、柜橱上、床头上、镜子上、墙上……到处贴满了各色各样的小纸条。杰克·伦敦非常偏爱这些纸条，几乎和它们形影不离。这些小纸条上面写满各种各样的文字：有美妙的词汇，有生动的比喻，有五花八门的资料。

杰克·伦敦从来都不愿让时间白白地从他眼皮底下溜过去。睡觉前，他默念着贴在床头的小纸条；第二天早晨一觉醒来，他一边穿衣，一边读着墙上的小纸条；刮脸时，镜子上的小纸条为他提供了方便；在踱步、休息时，他可以到处找到启发创作灵感的语汇和资料。不仅在家里是这样，外出的时候，杰克·伦敦也不轻易放过闲暇的一分一秒。出门时，他早已把小纸条装在衣袋里，随时都可以掏出来看一看，想一想。

鲁迅先生说过："我把别人喝咖啡的时间都用到读书和学习上。"他几十年如一日，从不浪费一分一秒，为我们留下了七百多万字的著作。就在他重病缠身的日子里，还在抓紧时间工作和学习，在逝世的前一天，还写了他最后的一篇作品《因太炎先生而想起的二三事》，真是惜时到了生命的最后一息。

有人算过这样一笔账：如果每天临睡前挤出 15 分钟看书，假如一个中等水平的读者读一本一般性的书，每分钟能读 300 字，15 分钟就能读 4500 字。一个月是 135,000 字，一年的阅读量可以达到 1,620,000 字。而书籍的篇幅从 6 万到 10 万字不等，平均起来大约 8 万字。每天读 15 分钟，一年就可以读 20 本书，这个数目是可观的，远远超过了世界上人均年阅读量。然而这却并不难实现。

女孩们也可以效仿这些成功的伟人，充分利用自己的闲暇时间。已经有女孩开始这样做了，她们将外语单词和语法记在小本子上，将本子随身携带，等公交车时拿出来读一读，排队买饭时掏出来背一背，日积月累，她们的成绩有了显著的提高。

你一定不想落后，那就开始行动吧！让自己在闲暇时间里活动起来，相信你可以做到。

学会时间统筹

想一想，人的一生除掉幼年顽童期与老弱暮年期，能够用来学习和工作的时间只有短短的不足 50 年。而其中除却休息、吃饭、休闲娱乐、无聊发呆、交际的时间，所剩的可以有效利用的时间少之又少。而且，时间是一辆不会掉头的列车，错过了，就不会再追赶上。那么，要充分、合理地利用这有限的时间，学会时间统筹是必须的。

那么我们该如何统筹安排自己的时间呢？

首先，我们头脑里面要对自己所做的事情有一个大致的轮廓。比如，今天都有哪些工作需要自己去完成？完成这些工作大概又需要多长的时间？我们还会有多少由自己个人支配的时间？

接下来，我们就可以放手做需要做的事情了。但是在做某件事情的时候，就要把其他额外的想法都放下，把自己的精力全部集中在这件事上面，专心致志地做你现在的这份事情，这个时候，心里只有工作，这样我们就能够提高效率了。

当完成某件事情之后，我们就可以把自己从紧张的状态中解脱出来，彻底地放松一下自己了，比如，到了星期天，我们就可以睡个懒觉，或者去郊外呼吸一下新鲜的空气，或者听听音乐，听听自己喜爱的流行歌曲，或者也可以上上网，和朋友们聊聊天，以各种方式放松自己。只有休息好了，我们才可以让自己在学习、工作中保持充沛的精力。

关于时间统筹，下面有几条准则，你不妨试试看。

1. 明确目标，制订计划

时间统筹的第一项法则是设定目标、制订计划。目标能最大限度地聚集你的时间。因此，只有目标明确，才能最大限度地节省和控制时间。

人生的道路，时间和价值是存在对应关系的。有目标，一分一秒都是成功的记录；没有目标，一分一秒都是生命的流逝。爱默生说："用于事业上的时间，绝不是损失。"

每天都应把目标记录下来，并且把行动与目标相对照。相信笔记，不要太看重记忆，养成凡事预先计划的习惯；不要定"进度表"，要列"工作表"；事务要明确具体，比较大或长期的工作要拆散开来，分成几个小事项。

玛丽凯说："每晚写下次日必须办理的 6 件要务，挑出了当务之急，便能照表行事，不至于在无谓的事情上浪费时间。"

确定每天的目标，养成把每天要做的事情排列出来的习惯，把明天要做的事，按其重要性大小编成号码，第二天上午头一件事是考虑第一项，马上去做，直至完毕；接着做第二项，如此下去。

可以将事情按计划有序地完成，并且可以提高办事效率。

合理运用时间，可以让你生命中的每个日子都值得"计算"，而不要只是"计算"着过日子。女孩要学会制定可行性目标的尺度，并将每天的目标做出详细的实现计划。天天有目标，时时有计划，这样就能珍惜自己的时间，永不浪费。

2. 轻重缓急，主次分明

学习生活中，你也许会对那些成绩优异的学生的精力感到惊奇，他们每天有那么多的活动安排，却还能将自己的时间分配得有条不紊，不仅能轻松完成作业、阅读自己喜欢的书籍，并且还有时间休闲娱乐，难道他们一天不是 24 个小时吗？其实，答案是他们比别人更懂得"要干最重要的事情"。

列出你今天、这一周和这个月要处理的事情，在一张纸上画出 4 栏，并在左上角贴上"重要而且紧急"的标签，你应在这一栏内填入必须立即处理的事情，并依次写下每项事情的处理日期和时间。

在右上角贴上"重要但不紧急"的标签，并填入必须做但不必立即处理的事情，同样依次写下每项工作的处理日期和时间。你应每天审查一下这一栏的事情，看会不会有事情变成"重要而且紧急"的项目。

左下角贴上"不重要但却紧急"的标签，在这一栏中所填写的，都是一些必须立即处理的琐事，诸如某人需要你的建议，有人要你马上去买一些小东西，等等。

最后，在右下角贴上"不重要也不紧急"的标签，你当然可以让这一栏一直空着，反正写在这一栏的工作，都是你可以不必在意的，但本栏的目的在于告诉你事实上有许多事情是属于"不重要也不紧急"的项目。

3. 分配时间，提高效率

如果你把最重要的任务安排在一天里你干事最有效率的时间去做，你就能花较少的力气，做完较多的工作。何时做事最有效率、最对自己的胃口，因各人的生物钟不同而有差异，我们要根据自己最佳的学习状况，最充分地利用最有效率的时间。当你面前摆着一堆事情的时候，应先问问自己的学习习惯，哪一些时间做什么事最有效？大凡成功者都是统筹时间的高手。据说，1902 年，著名科学家科尔在纽约的一次学术报告会上，曾轻松地走到黑板前，很快列出了两条算式，两次计算结果相同，证明 2 的 67 次方减去 1 是合数，解决了两百多年来一直被当作质数的谜，使与会者不禁叹为观止。有人问他为此花了多少时间，科尔回答说："3 年内的全部星期天！"

每个人的生物时钟不同，但大体上是有相通性的。一般来说，人体在早晨 9 点到 11 点，下午 2 点到 5 点的注意力是比较集中的，这时的工作效率也是最高的。当然，也有人在晚上甚至深夜时头脑最清晰，思路最敏捷，往往一些很有创意的设想就是在这个时间段迸发出来的。那么，仔细考察一下自己的状况，拿出最有效率的时间做最重要的事吧！

大家都知道华罗庚的时间统筹实验。浇水、择菜、学唐诗，很简单的事情，采用时间统筹的方法便可以节省很多时间，并且将事情做得有条不紊。他的实验告诉了女孩们一个道理，时间统筹可以让你在最短的时间做最多的事，而且每件事都可以做得很出色。

女孩不妨亲自试试看！

为实现计划挤时间

随着我们年龄的增大，要面对的事情也会越来越多，那么如何分配好自己的时间，在有限的 24 小时内做好自己需要做的事情呢？在此可以送给你一个字：挤。

没错，就是要挤时间。时间是挤出来的。那么怎么挤时间？

很简单，为时间做一份详细的计划表，而且计划表最好能够分等级，如说大的等级可能是这一年内我要实现什么目标：如语文成绩提高 20 分。接下来就是一些更细的计划：为了年末的语文成绩能提高 20 分，我要全面提高基础知识部分的得分，估计为 5 分；作文部分的得分，力求提高 10 分；阅读理解部分的得分，也是提高 5 分。

然后，怎样才能提高基础知识的得分呢？每月学习 30 个新字新词，平均下来每天一个字或词。每月看一本世界名著或者中国名著。这个可以计划为每天放学后阅读半个小时或者一个小时，具体时间看书的厚度和页码来定。每月自己给自己加 10 个阅读理解的练习，每隔两天做一次，每次时间大约为半小时，定在吃中饭后午休前的休闲时间。

现在我们再来看看上面的计划，算是很详细而且有层次。从年到月再到天，甚至小时。计划这么细而全的好处是，既能保证做到切实可行，又能有目标。人们在做一件事情的时候一旦有了目标，就不会觉得盲目而不知所措了。

大目标，比如这里的年计划，需要很强的意志力和耐心去坚持，而这些坚持只要每天认认真真地完成一个一个的小目标就可以了，这样算下来，大目标变得不再遥不可及。你要做的，就是脚踏实地地做好每一步。

当然，在计划执行的时候，常常会碰到意外情况，这可能会打乱你已经做好的计划。那怎么办呢？

首先，要冷静，不要浮躁。如果可以，最好每个月调整一下计划，并且在计划里预留一些可能会发生的意外情况，别把时间排得太满。比如，某个中午该做阅读的时间，临时去做数学老师布置的试题去了，那么就改为第二天中午，或者当天下午。总之，尽量不要破坏整个计划的进度。如果你订的那个计划，执行了一周，发现很多地方都完成不了，那么可以在周末，利用闲暇时间，好好调整原有计划，重新制订一个可以落实的计划。

要能落到实处，是制订计划的首要原则。不然，订了等于没订，还可能给自己带来沮丧感。

另外，制订计划的又一个原则是：充分利用白天的时间。科学研究表明，白天学习一个小时几乎等于晚上学习一个半小时。白天学习的效率是很高的。所以，白天能做的事，别拖到晚上再去做。

当然，"身体是革命的本钱"，这句话什么时候都不过时，所以，女孩再怎么挤时间，也不能占用应该休息的时间，能吃能睡，才能好好学习。

睡觉前后，我能做点什么

据心理学家试验研究表明，在睡前和刚刚醒来后学到的东西，保持记忆的时间最长。我们完全可以利用这些片段的时间来学些东西。科学上叫作"睡前醒后学习法"。

那么，为什么睡前醒后的记忆相对能保持得最长呢？

研究发现，人的大脑在睡眠期间，大脑皮层的神经细胞会受到抑制，转入抑制状态，也就是大脑皮层的活动比起人醒着的时候要缓慢得多。所以，入睡前，如果学习一些东西，这些信息会因为神经细胞的抑制而不受到干扰，清晰地记在大脑皮层上。如果睡醒后，我们试着去回忆入睡前看到的知识，会发现能很清楚地分辨出自己记住了哪些，遗忘了哪些。

　　这个原理其实也可以根据记忆的干扰理论来解释。记忆的干扰理论认为：先学习的材料会对人们回忆后学习的材料产生一定的干扰作用。当然了，后学习的材料也有可能对先学习的材料起一定的干扰作用。在这里，干扰作用不利于我们记忆东西。

　　而我们睡觉休息的时候，由于大脑皮层的活动规律，早晨醒来后，大脑还没有接受外界的刺激，我们此时去回忆前天晚上临睡前学到的东西，记忆的干扰作用降低，从而使记忆量保持最大。

　　有的认知神经科学家说，人在半睡半醒的时候的记忆是隐性记忆，耗能少，效率高。这可能也是某些学生在临睡前对一个数学题冥思苦想都得不到解决的方法，等睡了一觉，第二天醒来，竟奇迹般地想通了，会做了！可能睡眠中记忆也在帮忙呢。

　　所以，女孩们完全可以用这段时间来学习一些较难的记忆内容，比如背外语单词，背语文课文，记数理化公式。

　　如果是记忆外语单词的话，量不要过多，20 到 30 个就行。并且最好能做到把常用的搭配及用法——做动词还是形容词或者名词使用——记住，同时建议临睡前看着英文中文含义。而到第二天早上起来，还是复习这些单词。最好先从英文想中文含义，并且尽力回忆它们相关的常用搭配和用法，然后再多做一步，从中文想到英文。到了第二天晚上，重复一遍中文到英文的过程，这样，这 20 到 30 个单词的记忆就会非常牢固。

　　如果是语文课文呢，就没这么复杂，重复背诵就好了。

　　数学公式等等也是这样。当然，可以想想白天老师是怎么推导这些公式的，以及通常在解答什么类型的题目时需要用到这些公式，这样，就不会出现单纯地为了背公式而背公式，到最后，背出了公式仍不会用的情况。

　　至于用它来听英语广播，有的专家甚至认为，如果是播放效果好的工具，可以让它整夜开着，这样会不知不觉提升英语的语感。不过，最好别戴耳机，因为时间久了可能会损伤听力。所以，最好是外放。声音也不能太大，不然不仅吵到别人，你自己也可能在半夜被惊醒。

其实，女孩每天满足 8 个小时的睡眠就可以保证学习时所需要的精力了。如果能把每天躺在床上发呆的时间或者"数绵羊"的时间用来学习，长期坚持下去，你会有意想不到的收获。

不过，不能走极端，把睡觉的时间"挤"出来学习，不然就得不偿失了。

到了睡觉的时间，有困意的时候可以随时放下书本安心睡觉。

合理规划你的时间

卡耐基建议奋斗者不妨列出一张时间管理的"master list"总清单，也就是你必须要把当前所要做的每一件事情都列出来。

卡耐基提醒人们，在工作中，我们不需要一天到晚像个陀螺一样转个不停，而应着手对身边的事情有个较分明的安排，分清先后缓急，一件一件地去落实，不要同时被几件事情纠缠得焦头烂额，慢慢地你会得心应手越干越好，从而会更轻松、更有效率了。

看看卡耐基先生一天的"master list"吧！

6：00～7：00，起床并去散散步或长跑。

7：00～7：30，洗漱并吃早点。

7：30～8：30，走进办公室并整理办公桌。

8：30～11：30，办公并接待来访人员。

11：30～12：30，下班回家或进快餐店吃午饭。

午休、下午上班，处理事务。

晚上，看新闻电视节目，读书和写作。

23：00，准时休息。

卡耐基先生把自己的一天安排得井井有条，非常充实，这样时间的运用效率肯定特别高。

管理学大师彼得·杜拉克曾说过："不能管理时间，便什么也不能管理。时间是世界上最短缺的资源，必须严加管理，否则就会一事无成。"

一个人的生命是有限的，能力、精神也是有限的，不可能将面对的每件事不分轻重、大小、缓急都统统做完，特别是一些无关紧要的、既耗精力又费时间的事情，如庸俗的应酬、没日没夜地打麻将，等等。孟子说："人有不为也，而后可以有为。"因此，一个人置身于纷繁芜杂的世间万象中，就要排除其他干扰，专心致志地"有所为"。

利用时间是非常重要的，一天的时间如果不好好规划，就会白白浪费掉，就会消失得无影无踪，我们就会一无所成。

成功与失败的界线在于怎样分配时间，怎样安排时间。人们往往认为，这儿几分钟、那儿几小时没什么用，其实它们的作用很大。

对于每个成功的人来说，时间管理是重要的一环。时间是最重要的资产，每一分每一秒逝去之后再也不会回头。因此，有必要高效地利用你的时间。

那么如何才能让你的时间走上正轨呢？

1. 善于利用"生物钟"

根据许多学者的研究发现，按照人的心理、智力和体力活动的生物节律，来安排一天、一周、一月、一年的作息制度，能减轻疲劳，提高学习成绩和工作效率。

以记忆力为例，一天24小时中有4个高潮期：

第一个高潮期是清晨6～7点，大脑已在睡眠中做完了对前一天所输入信息的"整理、编码"工作，暂时没有新信息干扰，此时记忆的印象最清晰。

第二个高潮期是上午8～10点，人体经过苏醒后几小时的轻微活动，精力进入旺盛期，大脑处理记忆材料的效率最高，是短期记忆的最佳时间。

第三个高潮期是傍晚6～8点，为长期记忆的最佳时间。

最后一个高潮期是晚上10～11点（或入睡前1～2小时），记忆以后随即入睡，不受新信息干扰，有利于大脑对所记忆的材料进行深加工。

至于大脑潜力发挥的时间段，则因人而异。通常可分为3类：

一类是早睡早起型，此类人清晨精力充沛、思维活跃、灵感频生。

二类是"夜猫子"型，他们一到夜深人静时，大脑皮质就进入条件反射下的最佳兴奋状态。

三类是混合型人，占大多数，大脑潜力发挥的最佳时间段不很明显，一般在上午10点和下午5点左右较佳。

了解了大脑的生物钟运行规律，女孩们不妨来个"对号入座"，看看自己属于哪一类型，并根据人体"生物时钟"刻度上的最佳时间，相应调整学习和工作时间，将收到事半功倍的效果。

2. 计划时间

所有的足球教练都在赛前向队员细致周密地讲解比赛的安排和战术，而且事先的某些计划也并非一成不变，随着比赛的进行，教练一定会根据赛情做某些调整。但不可忽视的是，比赛开始前一定要做好计划。

你最好给你的每一天和每一周定个计划，否则，你就只能被迫按照不时放在你桌上的东西去分配你的时间，也就是说，你完全由别人的行动决定你办事的优先与轻重次序。这样你将会发觉自己犯了一个严重的错误——每天只是在应付问题。

为你的每一天定出一个大概的工作计划与时间表，尤其要特别重视你当天应该完成的两三项主要工作。其中一项应该是使你更接近你最重要目标之一的行动。在每个周日按照这个办法定出下一周的计划。

3. 分配时间

英国教育家赫伯特·斯宾塞说："必须记住我们学习的时间是有限的。时间有限，不只由于人生短促，更由于人事纷繁。我们应该力求把我们所有的时间用去做最有益的事情。"

"好钢用在刀刃上"，在有限的时间里优先办理重要的事情，时间的利用率就越高，反之，如果把大部分时间用在琐碎的事情上，时间的利用率就越低。

聪明人往往会抓住重点、远离琐碎。女孩们最好也能把本年度的目标写出来，找出一个核心目标，并依次排列重要性，然后开始用自己80%的时间来做20%最重要的事情，这样才能一步一步地把事情做得有节奏、有条理，达到良好效果。

4. 附加条件

为了掌握恰到好处地处理时间的艺术，请试着遵守以下几点建议：

（1）不断提醒自己，掌握好时间在做事时具有重要意义。

（2）和自己订一项条约，这就是当你被愤怒、恐惧、嫉妒或者怨恨的漩涡所驱使时，千万不要做什么或者说什么。

（3）加强自己的预见能力。未来并不是一本闭合的书，大多数将要发生的事都是由正在发生的事所决定的。

（4）学会忍耐。一个人必须明白，过早地行动往往是欲速则不达。

（5）学会做一个局外人。以一个局外人的角色去了解其他人是怎样看问题的。

女孩要成为时间的主人，就要合理规划你的时间，这样才能拉长时间的弹性，才能有更多的时间去干自己想干的事。

科学支配时间

女孩们，你们了解时间的真正价值吗？

哲人伏尔泰问：

"世界上，什么东西是最长的而又是最短的；最快的而又是最慢的；最能分割的又是最广大的；最不受重视的又是最受惋惜的；没有它，什么事情都做不成；它使一切渺小的东西归于消灭，使一切伟大的东西生命不绝？"

智者查帝格回答：

"世界上最长的东西莫过于时间，因为它永无穷尽；最短的东西也莫过于时间，因为人们所有的计划都来不及完成；在等待着的人看来，时间是最慢的；在作乐的人看来，时间是最快的；时间可以扩展到无穷大，也可以分割到无穷小；当时谁都不重视，过后谁都表示惋惜；没有时间，什么事都做不成；不值得后世纪念的，时间会把它冲走，而凡属伟大的，时间则把它们凝固起来，永垂不朽。"

时间无限，生命有限。在有限的生命里把时间拉长的人就拥有了更多做事情的本钱。

生活中，时间的敌人有很多：

因为自己没有条理地随意堆放东西，所以找东西变得很困难。

分配的学习、工作总是不能一气呵成。

对事情没有预先的准备和预料，措手不及。

贪玩，懒惰。

对过去犯过的错误和失去的机会耿耿于怀，或者空想未来。

患得患失，瞻前顾后，拖拖拉拉。

缺乏理解就匆忙行动。

消极情绪使人失去干劲，学习、工作效率下降。

事无轻重缓急。

另外，以下原因也会造成时间浪费：承诺太多，贪多嚼不烂，夸夸其谈，应酬过多，个人组织能力不佳，缺乏目标，缺乏优先等级，缺乏完成期限，缺乏所需资源等。

有一些小建议，女孩不妨尝试一下：

1. 每天要早起，这样坚持下去就可以节约许多时间。

2. 午餐要适量。午餐不可吃得太多、太饱。否则到下午容易打瞌睡，学习、工作效率会降低。而学习、工作效率的降低，本身就是浪费时间。

3. 要学会浏览报纸，不能事无巨细全部看完，这样会浪费时间。

4. 要掌握快速读书的方法，从而获得书中最主要观点和内容。

5. 不要花过多的时间在电视机上，只要看一看有关新闻和关于学习、业务方面的节目即可。

6. 对自己的习惯要经常进行反省，好的保留，不好的坚决改掉。

7. 别空等时间。假如必须花费时间进行等待，如等车、等电话等，应当把等待当作是构想下一步学习、工作计划的良机，或者用它来看书看报。

8. 把表拨快 5 分钟，每天提早开始学习、工作。

9. 经常装着一些空白卡片，以便随时记下各种有价值的资料，以备使用。这样可以节约大量的翻阅报刊的时间。

10. 在每月制订计划时要有弹性，最好在计划中留出空余时间，以便应付紧急情况。

11. 在完成重要事情、项目以后，要进行适当的休息，以求得学习、工作和休息的平衡。

12. 对难度较大的问题要智取，不要蛮干。

13. 一次最好只专心致力于一件事。

14. 对自己的每一项事情都要确定完成的期限，要尽可能在期限内把它完成，绝不可超过期限。

珍惜每一分钟

在美国近代企业界里，与人接洽生意能以最少时间，产生最大效率的人，非金融大王摩根莫属。为了珍惜时间，他招致了许多怨恨。

摩根每天上午 9 点 30 分准时进入办公室，下午 5 点回家。有人对摩根的资本进行了计算后说，他每分钟的收入是 20 美元，但摩根说好像不止这些。所以，除了与生意上有特别关系的人商谈外，他与人谈话绝不在 5 分钟以上。

通常，摩根总是在一间很大的办公室里，他不是一个人待在房间里工作，而是与许多员工一起工作。摩根会随时指挥他手下的员工，按照他的计划去行事。如果你走进他那间大办公室，是很容易见到他的，但如果你没有重要的事情，他是绝对不会欢迎你的。

摩根能够轻易地判断出一个人来接洽的到底是什么事。当你对他说话时，一切转弯抹角的方法都会失去效力，他能够立刻判断出你的真实意图。这种卓越的判断力使摩根节省了许多宝贵的时间。有些人本来就没有什么重要事情需要接洽，只是想找个人来聊天，而耗费了工作繁忙的人许多重要的时间。摩根对这种人简直是恨之入骨。

每一个成功者都非常珍惜自己的时间。无论是老板还是打工族，一个做事有计划的人总是能判断自己面对的顾客在生意上的价值，如果有很多不必要的废话，他们都会想出一个收场的办法。同时，他们也绝对不会在别人的上班时间，去海阔天空地谈些与工作无关的话，因为这样做实际上是在妨碍别人的工作，浪费别人的生命。

浪费时间就是挥霍生命

一位作家在谈到"浪费生命"时说："如果一个人不争分夺秒、惜时如金，那么他就没有奉行节俭的生活原则，也不会获得巨大的成功。而任何伟大的人都争分夺秒、惜时如金。"

"浪费时间是生命中最大的错误，也最具毁灭性的力量。大量的机遇就蕴含在点点滴滴的时间之中。浪费时间是多么能毁灭一个人的希望和雄心啊！它往往是绝望的开始，也是幸福生活的扼杀者。年轻生命最伟大的发现就在于时间的价值……明天的财富就寄寓在今天的时间之中。"

人人都须懂得时间的宝贵，"光阴一去不复返"。当你踏入社会开始工作的时候，一定是浑身充满干劲。你应该把这干劲全部用在事业上，无论你做什么职业，都要努力工作、刻苦经营。如果能一直坚持这样做，那么这种习惯一定会给你带来丰硕的成果。

歌德这样说："你最适合站在哪里，你就应该站在哪里。"这句话是对那些三心二意者的最好忠告。

明智而节俭的人不会浪费时间，他们把点点滴滴的时间都看成是浪费不起的珍贵财富，把人的精力和体力看成是上苍赐予的珍贵礼物，它们如此神圣，绝不能胡乱地浪费掉。

无论是谁，如果不趁年富力强的黄金时代去培养自己善于集中精力的好习惯，那么他以后一定不会有什么大成就。世界上最大的浪费，就是把一个人宝贵的精力无谓地分散到许多不同的事情上。一个人的时间有限、能力有限、资源有限，想要样样都精、门门都通，绝不可能办到，如果你想在某些方面取得一定成就，就一定要牢记这条法则。

学做时间的主人

一个人真正拥有，而且极度需要的只有时间。时间如此重要，但仍有很多人随意浪费掉他们宝贵的时间。

太多人浪费80％的时间在那些只能创造出20％成功机会的人身上；雇主花费太多时间在那些最容易出问题的20％的人身上；经纪人花费太多时间在不按时参加演出工作的演员或模特儿身上；政治家花费多数时间为20％的有问题或就是问题本身的人运作议事，而那些人甚至不是当初投票给他们的选民。玛丽·露丝在《节约时间与创意人生》一文中写道："我的工作有一部分是市场咨询，常常要和人们讨论如何建立事业。我通常会建议他们，可以自由运用自己的时间，但最重要的时间应该优先留给那些帮助自己建立事业、认真想成功和愿意协助自己达到成功的人身上。"

提高时间效率的方法

把所有的时间都看作是有用的。尽量从每一分钟里得到满足，这种满足是多方面的，它不仅包括取得一定的成就，也包括从消遣中得到的快乐，等等。

要善于在枯燥无味的学习、工作中发现能够引起自己极大兴趣的因素，这样可以大幅度地提高效率，从而大大节约时间。

作为一个终生乐观者，尽量把烦恼和忧愁从自己的心中排除出去，这样就可以做到每一分钟都过得有意义、有价值。

　　一定要寻求取得成功的有效途径，把所做的一切工作都建立在期望成功的基础上。

　　不要在惋惜失败上浪费时间。如果经常因为某些事情的失败而惋惜，这本身就是浪费时间，而且还会造成心理上的压力。

第十一章
自律自制——让女孩的人生远离放纵

保持自我本色，不跟随"潮流"

青少年已经逐渐意识到了自我的存在，开始以各自不同的方式表达发展自己的个性，而追逐潮流已经成为展示个性的主要方式。奇装异服、花色头发、连串式耳洞，甚至是文身，在校园里已经随时可见。然而这样的潮流真的适合你吗？

如果仔细思考一下，你就会发现奇装异服式的潮流只是在模仿电影明星或其他看来另类的人而已，并不适合在现实生活中存在。

《我的野蛮女友》播出以后，对人无拘无束，对男生施以拳脚，以野蛮显可爱，成为一种潮流，并为许多女孩所追求、模仿。追求这种野蛮个性的女孩真的很可爱吗？让我们看看下面这个故事。

一位中年妇女在电话局门前取车时不小心碰倒了旁边的一辆车。"你别走！"这时，一个高个子的时髦女孩高声喝住了她。这女孩看起来只有20岁模样，但表情和语气不带半点儿稚嫩，粗野地命令中年女人："你把车给我扶起来！"几番"警告"，但中年女人没有照做。突然，女孩举起手里握着的弹簧锁朝中年女人的脸抢去。"哎哟，见血了！"路人都惊呆了。但女孩仍不肯罢手，和中年女人扭打在一起……

打人的女孩的确野蛮，但没有人会说她可爱，可以想象路人观望时对她的指责，因为她失去了最基本的社会公德。

潮流是诱人的，但是盲目地追求潮流，不顾地点、场合、身份，随心所欲的张扬就成了令人厌恶的行为。处于青少年时期的女孩要懂得规范，过分追求潮流，往往会让亲朋好友为你担忧。

让我们看看一位母亲对成长中的儿子的忧虑。

看到你的学籍卡上那张八九岁时的照片，心中涌起一种怜爱，那是一张怎样的脸：目光低敛，羞羞的，怯怯的，稚嫩的目光里写满了纯真。

可是，有一天，我在你的脖子里发现取代红领巾的是一条粗粗的铜链子。我知道，这个孩子开始追求个性的装扮了，我内心同时涌上的还有一层淡淡的担忧。孩子，你要认识个性是种内在的品质，并不是在群体里打扮得怪异，以外在的东西来显示与众不同。

这位母亲的担忧不无道理，盲目追求潮流，装束打扮、行为举止独特，不仅失去了积极健康的形象，还使自己成了"异类"。久而久之，别人学习知识充实头脑，他学会的却是吸烟装酷；别人在以礼貌关爱的品质融入集体时，他却以冷酷、特立独行脱离于群体。这样的潮流，不应该是青少年健康成长需求的潮流。

潮流是很流行，但是不一定适合你。当今时代的真正的弄潮儿是有理想、有创造力的人，而不是别人经过你的身旁时，看上几眼，抛出一句"酷"。

周国平在《守望的距离》中说："与时代潮流保持适当的距离，守护人生的那些永恒的价值，了望和关心人类精神生活的基本走向。"这是每一个有追求、有理想的青少年应该做的。

用自制力给诱惑上一把锁

诱惑，就像一个表面铺满草、插满鲜花的陷阱，美好外表的里面深藏着可怕的危机。

喜欢钓鱼的人都知道，钓鱼必不可少的环节之一是在渔钩上放上鱼饵，鱼儿禁不住诱惑，咬了上去，那样，就会用生命作为代价。看起来，这些动物都很笨，总是钻进了人设的圈套。然而人也会遇到很多的诱惑。生活中的诱惑，就像渔钩上的饵，看起来美味馋人，可是，我们往往像鱼一样忘了在饵的里面还藏着一个钩。

我们有思维、理智，应该不会犯和猴子、鱼同样的错。但设想一下，一个人小时候抵挡不住蜜糖、玩具的诱惑，长大了抵挡不住新潮、时尚之类的诱惑，久而久之，抵抗力减弱了，或者说根本不具有抵抗力的话，成人成才之后，有了事业成就，有了一官半职，又怎么能抵挡得了金钱、贿赂之类的诱惑呢？

面对诱惑，我们之所以常常抵制不了，是欲望的诱惑战胜了我们的理智，打败了我们自己的自制力。

自制力是一个人内在的强大力量，是一种掌控情绪的能力。不论是谁，只有能有效支配自己、控制自己的情绪和欲望，才能保证人生的安全并成就大事。女孩们，你想在人生道路上一帆风顺吗？你想获得成功吗？那么，你就应该有强大的自制力去抵制人生道路上的各种诱惑。千万不要纵容自己，给自己找借口。一个人想要征服全世界，首先要战胜自己，一个面对诱惑能自制的人，才是有成熟思想的人。

西方心理学家常把青少年期称为"危险期"，也就是说，这个时期是人的一生中最容易失足犯错的时期。因为各种欲望的增强和精力的充沛，以及社会上各种不良行为的影响，很容易使青少年受到诱惑、唆使而走向违法犯罪的道路。青少年时期个体的自我控制能力已经有了明显的提高，人与人之间已经表现出了在自制力方面的差异。为什么别人能做到，有的人却不能呢？为了获得真正的安全和成功，我们必须尽力约束自己，"放长线，钓大鱼"。一个能自制的人，才是真正自由的人，成功者与失败者唯一的区别是成功者往往能坚定地拒绝诱惑。

面对诱惑时，最有力的支持来自于你自己。坚定的自制力是抵制诱惑的有力武器，它使人从无能为力的受迷惑状态中解脱出来，恢复自我控制能力，重新做自己的主宰。所以，增强自制力是抵制诱惑的根本。那么，我们该如何培养自己较强的自制能力呢？

1. 提高辨析能力。平时我们要主动了解诱惑的本源，撕破诱惑迷人的面纱，窥探丑恶的灵魂。

2. 找准生活方向。平时我们的生活要有目的性和计划性，始终把理想和目标放在"思想的第一线"。

3. 增强抵制能力。从小事做起，排除干扰，善待自我，奖惩分明。例如：连续一周按时完成计划，奖励自己打一场球，不能完成，罚自己抄几篇文章等。

4. 净化周围环境。亲同道之人，交良师益友；远异道之徒，疏损亲逆友。现实生活中，你如果能果断拒绝与诱惑交往，洁身自好，确实是抗拒诱惑的好方法，但若能出污泥而不染，更令人敬佩。我们一般受同龄人的影响较大，各种社会诱惑也大多是从同学朋友中学来的，所以平时就要多注重选择一个好的朋友。如果你与一个胸怀大志、勤奋好学的人为伴，也会受其感染，点燃起奋斗的火焰。如果你天天接触贪玩的人，你就很难静下心来看书学习，因为他的顽劣会一点一滴地传染给你，潜移默化地吞噬掉你的意志，熄灭你前行奋斗的火把。

5. 强化斗争意识。不仅在思想上，更要在行动上积极与不良行为做斗争。通过与外界不良诱惑的疏远而达到抵制的目的，这样我们自己就不可能苟且参与了。

女孩们，能诱惑你上钩的东西，多是利用你某一方面的虚荣或欲望。只有高尚的道德和严格的自律才不会让你被形形色色扑朔迷离的诱惑蒙蔽眼睛。大千世界，诱惑无处不在。有的人拜倒在诱惑脚下，成为诱惑的阶下囚；有的人不为诱惑所动，坚持自己的原则与信仰，创造出自己的一番天地。

专注于目标，诱惑也会退避三舍

人生道路上，诱惑无处不在，这就要求你不断地进行选择，做出决断。抵制诱惑的关键是一定要有专注的目标。

富兰克林的侄子波特是一个聪明的年轻人，很想在一切方面都比他身边的人强，他尤其想成为一名大学问家。可是，许多年过去了，波特在各方面都不错，学业却没有长进。他很苦恼，就去向富兰克林求教。富兰克林想了想说："咱们去登山吧，到山顶你就知道该怎样做了。"

山上有许多晶莹的小石头，很是迷人。每见到波特喜欢的石头，富兰克林就让他装进袋子里背着，很快，波特就吃不消了。

"叔叔，再背，别说到山顶了，恐怕我连动也不能动了。"他疑惑地望着叔叔。"是呀，那该怎么办呢？"富兰克林微微一笑。"该放下。""那为什么不放下呢？背着石头怎么能登山呢？"富兰克林笑了。

波特一愣，顿时明白了，他向叔叔道完谢就走了。

从此，波特一心做学问，进步飞快，并终于成就了自己的事业。

人生就是一个不断面对诱惑、不断进行选择的过程。什么样的人最容易受到诱惑而偏离人生正轨呢？没有目标的人。有着明确目标的人，不容易受到旁物的诱惑而始终能够使自己一直向前，最终成功。

生活中常常会遇到这样的事：你在一条路上正朝自己要去的地方走着，冷不丁旁边伸出一个岔道，曲径通幽，暗香弥漫。在你一扭头的工夫，就不知不觉地被它吸引了。结果你越走，离目的地越远；等你转过身，重新走回原来的路时，你会沮丧地发现，天已黑了，时光被你耗费在弯道上。

状如细瓶的猪笼草饥饿时会自动打开顶端的"瓶盖"，散发出香味，吸引小昆虫飞进瓶中，成为猪笼草的美味。时时啜饮诱惑的毒汁，却总是无法在它侵袭时做有效的抵挡。或许从未有哪一个时代像今天这个时代一样，形形色色的诱惑渗透在每一个角落。即使拒绝了一种诱惑，又会被另一种诱惑吸引着。它悄无声息地匍匐在你周围，盯视着你，追逐着你，在你转身之际，在你一念之差……它就像一只无形的手把你拽了过去。

但凡那些伟人、名人和成功者在面对诱惑、进行选择的时候，都能专注如一、心无旁骛，对身边的各种诱惑视而不见，从而少走很多弯路，直接向着成功的目标迈进。而那些经受不住诱惑、三心二意、没有明确目标的人，在进行选择的时候就会因为受诱惑的干扰而误入迷途，主动选择随之变成被动选择。"上帝只关爱那些执着的人。"只有那些有很强抑制力、有明确目标、专注成功的人才能抵制住各种诱惑，冲破重重陷阱，最终到达成功的彼岸。

生活失去了一个方向，诱惑也就随之而来。但是，如果女孩的精神有所寄托、生活有所追求，诱惑也就会退避三舍。

自制力是日常行为的一把保险锁

自制是基于对社会规范有明确认识并自觉地调节和控制自己行为的品质。

自制力强的人，能够理智地对待周围发生的事件，有意识地控制自己的思想感情，约束自己的行为，成为驾驭现实的主人。

自制是日常行为的一把保险锁，它要求女孩们以理性来平衡自己的情绪，接受理性的指引，先"谋定而后动"，管住自己的言行和举止，而后引导所有积蓄的力量流入成功的海洋。

相反，如果一个人缺乏自制力，总是让自己的情绪主导着一切，口无遮拦、行无规矩、随心所欲、没有规划，也不会有目标，那样的话，要么他所有的努力如同脱缰野马，根本控制不了，也达不到既定的目标；要么他的行为与环境格格不入，最终也达不到成功的彼岸。

东汉末年，杨修以才思敏捷、颖悟过人而闻名于世，他在曹操的丞相

府担任主簿，为曹操掌管文书事务。曹操为人诡谲，自视甚高，因而常常爱卖弄些小聪明，以刁难部下为乐。不过，杨修的机灵、颖悟又高过曹操，致使曹操常常生出许多自愧不如的感慨和酸溜溜的妒意。

建安十九年春，曹操亲率大军进驻陕西阳平，与刘备争夺汉中之地。刘军防守严密，无懈可击，又逢连绵春雨，曹军出战不利。曹操见军事上毫无进展，颇有退兵的意思。

这天，曹操独自一人吃着饭，同时也在思考下一步的行动。一个军令官前来请示曹操，当晚军中用什么口令。军中规定每晚都要变换口令，以备哨兵盘查来人。此时，曹操正用筷子夹着一块鸡肋骨，于是脱口而出："鸡肋。"军令官听了也没觉有什么奇怪。

消息传到杨修耳里，他便整理笔札、行装，做离开的准备。一个年轻的文书见状后问道："杨主簿，这天天要用的东西，有什么好收拾的？明天还不是要打开？"

"不用了，小兄弟，我们马上就可以回家了。"杨修诡秘地一笑说。

"什么？要回家了？丞相要撤退，连点蛛丝马迹也没有啊。"小文书不解地看着杨修。

杨修淡然一笑说："有啊，只是你没有察觉到罢了。你看，丞相用'鸡肋'做军中口令，'鸡肋'的含义不就是'食之无肉，弃之可惜'吗？丞相正是用它来比喻我军现在的处境。凭我的直觉，丞相已考虑好撤军的事了。"

消息又传到夏侯惇那里，夏侯惇听了也觉得有理，便下令三军整理行装。当晚，曹操出来巡营时一见，大吃一惊，急令夏侯惇来查问，夏侯惇哪敢隐瞒，照实把杨修的猜度告诉了曹操。对杨修的过分机灵早已不快的曹操，这下子抓到了把柄，立即以惑乱军心的罪名把杨修杀了。

后来的事实证明，曹操虽杀了杨修，终于还是下令退兵。然而，就杨修而言，他早晚必死无疑。因为他几次三番地恃才傲物，逞口舌之快，不能在曹操面前收敛自己，而把小聪明用在一些无用的小事上面，又不顾忌上下尊卑，随心所欲的言行。正是因为他不能够控制自己的言行，才招来了杀身之祸。

自制力薄弱的人遇事不冷静，不能控制激情和冲动；处理问题不顾后果，任性、冒失。这种人易被诱惑干扰而动摇，或惊慌失措。而这些人在青少年群体中比较集中。

当全国上下的"减负"运动开展之后，女孩有了充裕的课外活动时间。但同时面临这样一个问题：放学回家以后，家长不在身边，也没有老师和同学监督，如何才能合理安排这一段时间呢？女孩的自制力在外界强大的诱惑面前往往变得不堪一击。

自制力是一种克制或节制，自我约束是一种美德，是文明战胜野蛮、理智战胜情感、智慧战胜愚昧的表现。

自制力能使生活之路变得平坦，还能开辟出许多新道路，如果没有这种自制力，就不能有所创新。在政治上，春风得意的人并非因为天赋非凡，而是因为性情的非凡才使他获得成功。如果我们没有自我控制的能力，就会缺乏忍耐精神，既不能管理自己，也不能驾驭别人。

自我控制的能力是高贵品格的主要特征之一。能镇定且平静地注视一个人的眼睛，甚至在被别人极端刺激的情况下也不会有一丁点的脾气，这会让人产生一种其他东西所无法给予的力量。

人们会感觉到，你总是自己的主人，你随时随地都能控制自己的思想和行动，这会给你品格的全面塑造带来一种尊严感和力量感，这种东西有助于品格的全面完善，而这是其他任何事物所做不到的。

在某国的特种部队，流传着这样一个故事。

一个间谍被敌军捉住以后，他立刻装聋作哑。任凭对方用怎样的方法诱问他，他都绝不为威胁、诱骗的话语所动。最后，审问的人也许故意和气地对他说："好吧，看起来我从你这里问不出任何东西，你可以走了。"这个间谍会怎样做呢？他会立刻带着微笑，转身走开吗？不会的！没有经验的间谍才会那样做。有经验的间谍会依旧像毫无知觉似的呆立着不动，仿佛他对于那个审问者的命令完全不曾听懂似的，这样他就胜利了。审问者原是想以释放他，给他自由的方式，来观察他的聋哑是否是真实的。一个人在获得自由的时候，常常会制止不住心灵上的喜悦。但那个间谍听了依然毫无动静，仿佛审问还在进行，审问者相信他确是个残疾人，说："这个人如果不是聋哑的残疾者，那一定是个疯子了！放他出去吧！"就这样，这名有经验的间谍，以他特有的自制力，使自己免遭一劫。

由此可见，自制力是多么的重要。如果女孩们想为人生的画卷描绘美丽的图案，则有必要学会在大小事上进行自我控制。你必须学会容忍和控制，让感情服从于理性判断。你必须尽量避免坏的心情、坏的毛病、骄傲狂妄的心态等。这样，成功的钥匙才有可能掌握在你自己手中。

控制自己的情绪

研究表明，情绪的低落和混乱有两方面的原因，一方面是自身的失控，另一方面是来自外界的刺激和影响。许多人因缺少自我控制，不冷静沉着，或毫无节制而骚动不安，因不加控制而浮沉波动，因为焦虑和怀疑而饱受摧残。只有冷静的人，才能够控制自己的情绪。

女孩们对于自身的失控，可以用下列方法来进行缓解。

1. 可以与别人聊聊。在日常生活或工作中，经常会产生一些矛盾或意见，这很容易使人发怒。如果你把心中的不满或意见坦率地讲出来，既可泄怒，又可以通过批评与自我批评增强同学或同事间的团结。或者向自己信得过的朋友诉说，你也会得到安慰。

2. 科学的生理方法也能够平息怒火。坐下来，身子往后靠。如果站着跟人吵，会使人更加紧张。

3. 用冷水洗脸，可让人冷静下来，降低皮肤的温度，消除一部分怒气，有利于平静下来。

4. 话尽量讲得平缓一些，自己就会变得轻松起来，气随之也会减少。

5. 怒气会使你的颈部和肩部的肌肉紧张，从而引起头痛，自我按摩头部或太阳穴 10 秒钟左右，有助于减少怒气，缓解肌肉紧张。

6. 闭目深呼吸。把眼睛闭上几秒钟，再用力伸展身体，使心神慢慢安定下来。

7. 喝一杯热茶或热咖啡也可以稳定紧张的情绪。

8. 大声呼喊。必须是从腹部深处发出声音，或高声唱歌，或大声朗诵。

对于外界的刺激，可以用下面的方法来应对。

1. 躲避刺激

在日常生活中有很多事可使人产生愤怒，如遇到这种情况要尽量躲开，或暂时回避一下，以免使矛盾激化，这是一种消极的制怒方法。

2. 转移刺激

人在愤怒时，往往大脑皮质中出现强烈的兴奋点，并且它还会向四周蔓延。为此，要在"怒发"尚未"冲冠"之际，善于运用理智，有意识地去转移兴奋中心。比如，有意躲开一触即发的"地雷"，即争吵的对象、发怒的现场，去到其他的地方干点别的事情。这时我们转移了一下目标，在大脑皮质建立另一个兴奋中心，便减弱和抵消原来的兴奋中心。这种办法相对积极一点。赶快转变一下思路，听听音乐、唱唱歌、看看报纸，想象一些轻松、愉快的情景，例如，风和日丽的天气、青山秀水的风景、鸟语花香中的感受，或闭眼几秒钟，从矛盾中逐渐解脱，使你激动的情绪慢慢平静下来，怒气自然就会烟消云散了。

寻找适当的宣泄方式。把怒气发泄出来比让它积郁在心里要好。摔打一些无关紧要的物品能够有效地宣泄愤怒，或是对空大喊，缓解一下自己的冲动。如果你愿意，可以跑到楼下，再爬上楼，每步登两个台阶，跑步上楼更好。强烈的体育运动会消耗掉你多余的能量，使你没有"力气"再发怒。

此外，女孩们的不良情绪还有紧张、沮丧、抑郁等，可以通过以下方法来调控自己的情绪。

1. 预先了解可能会引起紧张或沮丧的情况

有些会使女孩感到紧张，甚至可能导致沮丧的事件，是相当容易预测的。这些事件包括住院、开学或者上学的最后一年、预先已经安排好的某位亲戚的来访、有计划的家庭搬迁、主要的节日等。为了做好准备，你应事先和家长进行良好的沟通，这样你在经历这一切的时候，就会相当了解可能会发生什么。

2. 对可能已经不再过分紧张或者沮丧的症状要多加注意

紧张和沮丧的普遍症状基本上是相似的。但是某一特殊的紧张或沮丧情绪可能会表现出不同的症状，女孩之间差异都非常大。

在情感上，这些症状包括恐惧、情绪低落、厌烦、闷闷不乐、愤怒或者过分激动。在行为上，它们包括举止的剧烈变化，从不同寻常的畏缩变成不同寻常的好斗，或者从不寻常的平静变成不寻常的抽搐和牙关紧咬。在生理上，它们包括无法解释的胃疼、头疼或者睡眠方式和口味的改变。

3. 走出抑郁的心境

女孩们要学会解决碰到的难题，能度过困惑时期，从中恢复过来并汲取教训或自己把它忘掉。这些问题在自己心中郁积越久，越有可能导致问题以暴力或意外的方式解决。女孩遭受精神创伤的原因是多种多样的，很难固定在某一个具体原因上。有时你会因为某一件事受到伤害，如目睹飓风、洪水、火灾、地震等自然因素夺走家园；家庭成员去世，或仅仅是在医院里待几天等。

在这种情况下，你应和父母经常沟通，向父母倾诉他们所不知道的事情，在父母面前表露时，不要惊恐，局促不安，要完整地诉说，相信父母会和你一起应付处理，你根本不用害怕。

如果你经历过某件可能对你造成伤害的事，那么就应该估计出可能的伤害程度，只要某一个症状持续一个月以上，就应该接受专业治疗。

4. 换个环境

环境对人的情绪、情感同样起着重要的影响和制约作用。素雅整洁的房间，光线明亮、颜色柔和的环境，使你产生恬静、舒畅的心情。相反，昏暗、狭窄、肮脏的环境，则会给你带来憋闷和不快的情绪。安谧、宁静的环境使你心情松弛、平静；而杂乱、尖利的噪音使你烦躁焦急。因此，改变环境，也能起到调节情绪的作用。女孩在受到不良情绪的压抑时，可以到外面走走，看看美景，散散心。大自然的美景，能够豁达胸怀，欢娱身心，对于调节人的心理活动有着很好的效果。长期生活在优美环境中的人，往往能够精神振奋，心情舒畅。

女孩们在受到不良情绪压抑和折磨时，更应该改变独居一室的习惯，常到风景秀丽、景色宜人的公园去游玩，或到绿树成荫的大道上散散步。绿色的世界，勃勃的生机，会使人心旷神怡、精神振奋、忘却烦恼，消除精神上的紧张和压抑之感。

选择适合自己的方式，调节好自己的情绪，排除紧张与抑郁，控制愤怒和不满，做自己情绪的主人，这样才能使你的人生越来越美好。

摒弃各种诱惑，专注于正在做的事

我曾看过一个动画片，讲的是一个男孩放暑假在家中，早晨起来准备写作业，可作业没写几笔，目光就被一长排"搬家"的小蚂蚁吸引到墙根下了。他想可以观察一下蚂蚁的分工和工作也不错啊，可没看多会儿，又拿着网子去捉知了。知了没有捉到，他又决定去捉鱼……就这样，当夕阳西下时，他把自己弄得像个小泥猴一样，却没有捉到一只知了，也没有捕到一条鱼，作业本还安安静静地躺在写字桌上，仍停留在早晨的那个位置。

不要认为这个动画是在讲别人，这正是青少年的通病——不能够专注于一件事情，把它做好。这也是不能够自制的一种表现。

歌德说："无论从事什么样的工作，只要你具备了一颗专注的心，一定会有所成就。"专注于某个目标，并全身心投入的人，往往会在工作中创造出奇迹。

当麦肯利还是一名从俄亥俄州来的国会议员时，胡佛总统便对他说："为了取得成功，获得名誉，你必须专注于某一个特定方向的发展。你千万不可以一有某种情绪或者方案，就立即发表演说把它表达出来。你固然可以选择立法的某一个分支作为你学习的对象，但是，你为什么不选择关税作为你的学习对象呢？这个题目在接下来的几年中都不会被解决，所以，它将为你提供一个广阔的学习天地。"

这些话语一直萦绕在麦肯利耳边。从此，他开始研究关税，不久后，他就成为这个课题上最顶尖的权威人士之一。当他的关税方案被参议院通过时，他也达到了自己事业的顶峰。

一个人，想实现自己的人生价值，却把精力分散到许多事情上，这样的人是不会成功的。要知道，没有任何一个获得成功的人不是把所有的精力都集中于一个特定的事情上的。

有人问爱迪生："你成功的第一要素是什么？"

这位发明家答道："能够将身体与心智的能量锲而不舍地运用在同一个问题上而不觉厌倦……"对大多数人而言，他们肯定是一直在做某些事。唯一的问题是，他们做很多很多事，而易成功的人只做一件。假如他们将这些时间运用在同一个方向、同一个目的上，他们就会成功。

拿破仑·希尔认为：一个人若对某一项事业执着地追求，聚精会神地去做，就能产生超乎寻常人的能力，排除难以想象的困难。你一旦专注于某一方面，埋头耕耘、专心致志，就能做出令自己都吃惊的成绩来。"成于专而毁于杂"，这是经过无数人的实践证实的真理。

爱因斯坦在发现短程线理论前，就经过了长期的观察、测量和计算，他简直成了"一个中了魔的人"。一次，他从梯子上摔到地上，家人将他抬到床上，可爱因斯坦却仍沉醉在他的理论思考之中，还向众人提出问题："为什么下坠者要笔直地掉下来呢？"弄得家里人"丈二和尚摸不着头脑"。就是这样长时间专注地思考之后，短程线理论诞生了。

世界歌王卢西亚诺·帕瓦罗蒂回顾自己走过的成功之路时，说：

"当我还是个孩子时，我的父亲——一个面包师，就开始教我学习歌唱。他鼓励我刻苦练习，培养嗓子的功底。后来，在我的家乡意大利的蒙得纳市，一位名叫阿利戈·波拉的专业歌手收我做他的学生，那时，我还在一所师范学院上学。在毕业时，我问父亲：'我应该怎么办?'

"我父亲这样回答我：'卢西亚诺，如果你想同时坐两把椅子，你只会掉到两把椅子之间的地上。在生活中，你应该选定一把椅子。'

"我选择了。我忍住失败的痛苦，经过 7 年的学习，终于第一次正式登台演出。此后我又用了 7 年的时间，才得以进入大都会歌剧院，现在我的看法是：不论是砌砖工人，还是作家，不管我们选择何种职业，都应有一种献身精神。坚持不懈是关键。选定一把椅子吧。"

很多女孩常常犯这样的毛病，如想专心致力于一件事，但又觉得尚有其他要做的事，或者其他事情突然吸引了自己的注意力。于是产生了挂念这个、惦记那个的烦恼，这是人类的通病。大家可能都有这样的经验：一方面必须要忙着准备考试的功课，同时又舍不得放弃各种团体活动。

此时，大家都会为了选择对象而迟疑不决，以致落得两头皆空。一位作家经常在工作与喝酒之间犹豫不决，但最后还是选择了喝个痛快。当一连大醉了两天两夜后才恍然觉得："这样怎么行呢?"于是，工作的热忱和意志猛然上升。其实，这种现象并非只限于这个人，其他人也有类似的行为，例如，在团体活动与用功读书两者不可兼得的情形之下，如果专门致力于团体活动，也会意外地获得很好的成绩。

当你决定做一件事情之后，就坚持做下去，不要轻易受外界环境的干扰。即使是遇到了困难，也不可以轻言放弃，随意退缩，往往在这种困难的时候才能考验出一个人真正的自制能力。

女孩们可以从上课专心听讲做起，思路随着课程的推进而跳跃，做到心无旁骛，将所有的注意力都集中到老师所讲授的内容上，摒弃各种诱惑，一心一意地听课学习，相信你的成绩会有更高的提升。

学会约束自己

生活中，女孩情绪丰富，但很不稳定，约束自己的能力较差。欲望与理智的矛盾常纠缠在一起，令人烦恼。想整天看电视，想打游戏，想上网，想买美食新衣……

另外，学校的周边场所也会对女孩产生很大的影响。学校周围的电子游戏室、台球室、录像室、卡拉OK厅、网吧等，都是女孩乐于光顾的场所。如果我们自制力不强，很可能会沉溺其中，把学习和纪律置之脑后。据一项问卷调查反映，82.3％的学生看过不健康的电视或报纸杂志，30.1％的学生曾到过电子游戏室、台球室、网吧等。

今天是一个张扬个性的时代，许多女孩都加入了"嘻哈"一族。"嘻哈族"所追求的是一种无拘无束、完全展现自我的状态，如果这种状态发展到无法控制的局面，就会变成一种公共破坏。

作为新时代的女孩，每个人都应随时随地遵守社会的行为规范，懂得作为社会的一分子，都应约束自己的行为，不给他人造成伤害。唯有如此，我们的每个社会成员才可以享受平等、幸福的生活。

一个人要成就大的事业，不能随心所欲、感情用事，对自己的言行应有所克制，这样才能使较小错误、缺点得到抑制，不致铸成大错。高尔基说："哪怕是对自己的一点小的克制，也会使人变得强而有力。"德国诗人歌德说："谁若游戏人生，他就一事无成，不能主宰自己，永远是一个奴隶。"要主宰自己，必须对自己有所约束，有所克制。

自制能力是在日常生活中和工作中善于控制自己情绪和约束自己言行的一种能力。一个意志坚强的人是能够自觉控制和调节自己言行的。如果一辆汽车光有发动机而没有方向盘和刹车的调节，就会失去控制，不能避开路上的各种障碍，有撞车的危险。一个想要有所成就的人如果缺乏自制力，就等于失去了方向盘和刹车，必然会"越轨"或"出格"，甚至"撞车"、"翻车"。

如果一个人有比较强的自制能力，那么这个人一定能够战胜自我，远离祸害，做到快快乐乐。如果不幸遇到祸害，他一定能够泰然处之，化祸为福。可见，自制对获得平安快乐的人生是极其重要的。

女孩要成为一个约束力、自制力强的人，需做到以下几点：

1. 对自己多分析

找出自己在哪些活动中、何种环境中自制力差，然后拟出培养自制力的目标步骤，有针对性地培养自己的自制力；二是对自己的欲望进行剖析，扬善去恶，抑制自己的某些不正当的欲望。

2. 提高动机水平

心理学的研究表明，一个人的认识水平和动机水平，会影响一个人的自制力。一个成就动机强烈、人生目标远大的人，会自觉抵制各种诱惑，摆脱消极情绪的影响。无论他考虑任何问题，都会着眼于事业的进取和长远的目标，从而获得一种控制自己的动力。

3. 从日常生活小事做起

人的自制力是在学习、生活、工作中的千百万小事中培养、锻炼起来的。许多事情虽然微不足道，但却影响到一个人自制力的形成。如早上按时起床、严格遵守各种制度、按时完成学习计划等，都可积小成大，锻炼自己的自制力。

4. 绝不让步迁就

培养自制力，要有毫不含糊的坚定和顽强。不论什么东西和事情，只要意识到它不对或不好，就要坚决克制，绝不让步和迁就。另外，对已经做出的决定，要坚定不移地付诸行动，绝不轻易改变和放弃。如果执行决定半途而废，就会严重地削弱自己的自制力。

5. 进行自我暗示和激励

自制力在很大程度上就表现在自我暗示和激励等意念控制上。意念控制的方法有：在你从事紧张的活动之前，反复默念一些建立信心、给人以力量的话，或随身携带座右铭，时时提醒、激励自己；在面临困境或诱惑时，利用口头命令，如告诫自己"要沉着冷静"，以组织自身的心理活动，获得精神力量。

6. 经常给自己提醒

如当学习过程中忍不住想看电视时，马上警告自己管住自己；当遇到困难想退缩时，马上警告自己别懦弱。这样往往会唤起自尊，战胜怯懦，成功地控制自己。

学会谦让、礼让和忍让

在生活中，有很多人无缘享受友谊之乐，以致丧失了许多生命的欢乐，成为孤独、不合群的人，他们曾经发出强烈的呼声："唉！我真希望，我能吸引一些朋友；我真希望，我能成为一个受人欢迎、为人所乐于接受的人啊！"但是他们不知道造成他们这种苦恼的原因很可能是他们对于自己的朋友和身边的人们过于吹毛求疵、缺乏谅解。

不能忍受别人的缺点，常常对别人吹毛求疵，对于别人行为上的失误，常常冷嘲热讽——对这样的行为你该留意，因为这会让你失去朋友，失去和谐友好的生活环境。

有人说过这样一句名言："真正的爱，是在于能忍受别人的一切缺点；见别人的软弱不会惊讶，见别人的小德行则努力效法。"这个人就是小德兰，小德兰是特蕾莎修女的精神导师，她深刻地影响了特蕾莎修女的为人。

小德兰的这句话也能够给予我们启发，如果有人自诩为一个宽容的人，但在她的眼里，看到的经常是别人的缺点，那么这个人不是真的宽容。

具有豁达心胸的人，看出他人的优点比看出他人的缺点更快。反之，心胸狭隘的人，目光所及都是过失、缺陷甚至罪恶。轻视与嫉妒他人的人，心胸是狭隘的、不健全的。这种人从来不会看到或承认别人的优点。而胸襟开阔的人，即使憎恨他人时也会竭力发现对方的长处，由此来包容对方。其实，心胸狭窄的人，生活在挑剔和抱怨的怪圈里，无法获得真正的快乐。

小玉是一个刚刚上大一的女孩子，第一次离家过集体生活，她很不习惯，尤其让她难以忍受的就是宿舍里的室友。宿舍里一共四个人，小玉觉得其中有一个穿衣服买东西都很没有品位，根本没有共同语言。另外两个她也很看不惯：一个非常自私，只要求别人帮她做什么，很少替别人着想。另一个总是多管闲事，天天就像一个大妈一样，在人们的耳边唠唠叨叨。

因为小玉对她的室友有偏见，所以她们的相处并不和谐，经常闹一些小的矛盾。后来有一天，小玉终于难以忍受了，于是她就私下和舍监阿姨说要换寝室。

新的学期开始了，小玉如愿以偿地换到了新的寝室，开始的时候她着实开心了很多天，但是经过一段时间的相处，她又发现问题了，上铺的女孩不爱干净，旁边的女孩不会说话，总是惹人生气。结果，在一个女孩持续三周没有做值日之后，她又一次提出调换寝室。

经过几次折腾，小玉最终还是没有找到她满意的室友，大学四年很快就过去了。等到大四的时候，她又一次提出换寝室的要求，但是很多学姐学妹都知道了她的"事迹"，不愿意接受她。提起她，舍监阿姨也很头疼。

生命中最美丽的四年就在小玉的不断"乔迁"中流走了，等到毕业的时候，小玉才悲哀地发现，原来她的身边竟没有一个知心朋友，只能遗憾地离开了大学校园。

"金无足赤，人无完人"，我们必须明白这个道理，完美在这个世界上并不存在，在生活中他人身上存在一些不尽如人意的地方是很正常的，你需要用一颗宽容的心去看待这一切。

有人说"前世的五百次回眸，换来今生的擦肩而过"，其实，大家能住在一个宿舍，或者生活在一个学校、一个国家、一个地球，这是多大的缘分啊！何必再生一些无所谓的气，毁掉学生时代的美好回忆呢？如果我们都退一步想问题，认清世界上没有完美的人，用宽容自己的心态去宽容别人，那么快乐就会自动地走到我们的中间来。

第十二章

注重形象——打造女孩优秀的个人品牌

干干净净迎接每一天

小丽的妈妈是一位医生，因为职业的关系，她特别注意培养女儿的卫生习惯。妈妈总是对小丽说："要做个讲卫生、爱清洁的孩子，这样别人才会喜欢你。比如说饭前便后一定要洗手。"

小丽就问："为什么饭前便后要洗手?"妈妈就告诉她："因为手每天要碰各种各样的东西，会沾染很多细菌，要是在吃饭前不洗干净，吃饭的时候吃进肚子里就会长出虫子来，有虫子，就要去医院打针吃药了。"等小丽稍大一点的时候，妈妈还进一步告诉她，饭前便后洗手可以预防各种肠道传染病、寄生虫病等。

每次，当小丽洗手的时候，妈妈总是为她准备好肥皂、擦手毛巾，并且放在小丽容易拿到的地方。而且在每次洗手时，妈妈总是要求小丽先把袖子挽起来，以免不小心把衣服弄湿了，同时还会教导她要手心手背一起洗，这样才能洗干净，还会亲自做示范。

于是，小丽每天早晨起床后，就自己去洗漱。尤其是吃饭前，从来都不用别人提醒，自己主动去洗手——打肥皂——把手擦干。现在，她已经完全养成了良好的卫生习惯。

在学校举行的"讲卫生"活动评选中，小丽毫不费力地就夺得了第一名，因为她每天都是那么整洁，而且每次上完厕所都洗手。但这对那些没有养成习惯的孩子来说，却还十分困难。他们总是一不小心就忘记了。老师夸奖了小丽，让小丽给同学们讲讲经验，小丽自豪地说："因为我有一个好妈妈，她从小就教导我要讲卫生。现在，你们也开始养成讲卫生的好习惯吧！"

好习惯的养成不是一朝一夕的事情。女孩是美丽的象征，保持一个干净整洁的外表是必须的，而这就要求从生活中的点点滴滴入手，坚持不懈地执行卫生习惯。没有人愿意跟脏兮兮的孩子一起玩耍，要做有出息的女孩，要结交更多的朋友，就从保持自身整洁开始吧！

干干净净迎接每一天，不是说出来的，而是做出来的。一个人是否干净体现在无数个细节中。看一看下面的内容，并坚持按照其中的方法去做，相信你就会养成良好的卫生习惯。

1. 勤洗手。公车、作业、篮球、拔河……平日里我们的手部运动是最频繁的，坚持饭前便后洗手对保障我们的身体健康很重要。洗手可不是用水冲冲就完事了，香皂或洗手液也要到位，认真地清洗指甲也很重要。

2. 不与他人同杯饮、共碗食。很多同学有与人共食的习惯，其实细菌往往就在这个时候不经意地转移到你这里来了。尤其是不了解对方的疾病史时，应该自己吃自己的，不要因为贪食或义气而损害了健康。

3. 常洗澡、洗头，做好个人卫生。紧张的学习之外，我们也要时常注意清洁自己，夏天坚持每天洗澡，冬天最好隔两天就洗一次头，否则容易滋生头发的油腻感，但也不要洗得过于频繁，这样有损头皮。此外，要勤更衣，注意生理卫生。

4. 不随地吐痰，不乱扔废弃物，保证公共卫生。随身带着一些纸巾，以便随时取用；要丢弃的废物应该归类置入垃圾箱。虽然是些小事，但如果不注意，不仅影响他人健康，也破坏了公共卫生。

为了形象，也要在乎"小节"

仪态美是指人的仪表、姿态所显示出来的外在美。仪表，主要是指装饰装束；姿态，主要是指行为举止的姿势形态，表现在日常生活的小节当中。

培根说："形体之美胜于颜色之美，而优雅的行为之美又胜于形体之美。"

如果一个女孩拥有优雅端正的体态，敏捷协调的动作，优美的言语，行之有效而又大方的修饰、甜蜜的微笑和具有本人特色的仪态，即使是容貌平平，也会给人留下美好的印象。

所以说，一个受人尊重的女性，并不是最美丽的女性，而是仪态最佳的女性。

1. 吃的仪态美

吃的仪态可以看出一个女性的家教修养。

（1）在公共场合吃饭时切忌高谈阔论，影响邻桌的客人，更不可因小孩不听话而动怒打骂。

（2）在饭桌上切忌谈论一些不雅的事情。

（3）切忌吃饭时发出吧嗒嘴声。

（4）要注意拿筷子的样子、喝汤的姿态、嚼饭菜的口形、拿碗的动作等，均应以自然为主，千万不可为了美而做作。

2. 立的仪态美

（1）正式站姿

这种站姿一般适合于在正式场合，肩线、腰线、臀线与水平线平行，全身对称，目光直视，所表达的是一种坦诚的、谦和的、不卑不亢的形象。

(2) 随意站姿

这种站姿要求头、颈、躯干和腿保持在一条垂直线上，或两脚平行分开，或左脚向前靠于右脚内侧，或两手互搭，或将一只手垂于体侧。表达了淑女的含蓄、羞涩、收敛。微微含胸、双手交叉于腹前，手微曲放松，则表达了一种性感女性的曲线之美。倾斜的肩、分开的脚、突出的胯无论从哪个方向来看都具有一种动感。有时又表达了一种健壮的肢体美。

(3) 装扮站姿

这是一种具有艺术性和表现欲望的站姿，在表达情感上最为生动，有时甚至会让人感到夸张。在 T 型舞台上、艺术摄影中常可以见到这种站姿。头斜放，颈部被拉得修长而优美，一手叉在腰上，脚左右分开，重心在直立腿上，向人们展示一种自信的美，一种艺术的美。

3. 坐的仪态美

优美的坐姿，要求上身挺直，两眼平视，下巴微收，脖子要直，挺胸收腹，脖子、脊椎骨和臀部成一条直线。另外，一切优美的姿态让腿和脚来完成。

上身随时要保持端正，如为了尊重对方谈话，可以侧身谛听，但头不能偏得太多，双手可以轻搭在沙发扶手上，但不可手心向上。双手可以相交，搁在大腿上，但不可交得太高，最高不超过手腕两寸。左手掌搭在大腿上，右手掌搭在左手背上，也很雅致。

不论坐何种椅子，何种坐法，切忌两膝盖分开，两脚尖朝内，脚跟向外。翘大腿坐时，尤其是一脚着地，一脚悬空时，悬空的一只脚尽量让脚背伸直，不可脚尖朝天。女孩子最忌两脚成"八"字伸开而坐。

4. 行的仪态美

走路时要想保持良好姿态，可遵循以下原则：

(1) 上半身挺直，下巴微收，两眼平视、挺胸收腹、两腿挺直、双脚平行。

(2) 迈步时，应先提起脚跟，再提起脚掌，最后脚尖离地；落地时，应脚尖先落地，然后脚掌落地，最后脚跟落地。

（3）一脚落地时，臀部同时做轻微扭动，但幅度不可太大，当一脚跨出时，肩膀跟着摆动，但要自然轻松。让步伐和呼吸配合成有韵律的节奏。

（4）穿礼服、长裙或旗袍时，切勿跨大步，显得很匆忙。穿长裤时，步幅放大，会显出活泼与生动。但最大的步幅不超过脚长的两倍。

（5）走路时膝盖和脚踝都要富于弹性，否则会失去节奏，显得浑身僵硬，失去美感。

5. 衣的仪态美

爱美是女孩的天性，但并不是每个女孩都懂得如何打扮自己，有些人花了不少钱买贵重的衣服，但穿在身上却总是缺那么一点完美感；而有的人却能花很少的钱把自己打扮得既漂亮又大方，这就是个人审美观的问题了。

一个有穿着品位的女孩，绝不会一味地追求昂贵和时髦的衣服。比如一个身材矮胖、腿部粗短的女性，穿流行的窄腿裤或超短裙是肯定不合适的，她应当选择色泽较深、花纹简单或直条纹的稍宽裤管的长裤或长及小腿以下的长裙，裙摆遮住粗壮的小腿肚为宜，脚下可穿高跟鞋，使裤管遮住鞋跟，这样可使身材看起来修长一些。

此外，衣料的质地也很重要，身材丰满或个性活泼的女性，宜穿软料的衣服，而硬料则比较适宜瘦小的女性穿。

服装的式样对女性的仪态美也有很大影响。短的衣服，适于身材高挑的女性，而身材矮小的女性衣服最好长一些；丰满的女性式样应力求简单，有时不妨戴一条长项链，也可起到拉长身材的作用。身体瘦小的女性，式样还可以有些变化，如可在小圆领上加些飘逸的荷叶边，但切忌衣服不合身。

6. 笑的仪态美

对女性来说，笑也很有讲究。在日常生活中，常看到有些女性不注意修饰自己的笑容，而影响了自己的仪态美。笑有很多种，如拉起嘴角一端微笑，使人感到虚伪；吸着鼻子冷笑，使人感到阴沉；捂着嘴笑，给人以不大方的印象。

要想笑，嘴角翘。这是公认的美的笑容，达·芬奇的名画《蒙娜丽莎》中的微笑被誉为永恒的经典微笑。美丽的笑容，犹如三月桃花，给人以温馨甜美的感觉，发自内心的笑是快乐的，但切忌皮笑肉不笑，或无节制的大笑、狂笑。

女孩要学会运用美的微笑、美的肢体语言、美的表情、美的仪态来展现你的风采，让你美在容颜上，美在言行举止上，进而美在思想上，美在心灵上，从而让你成为有气质、有修养、有风度、有魅力的新女性，以赢得他人的尊重，获得事业和人生的成功！

擦亮你的气质招牌

女孩的美丽，已经被人们无数次地讴歌和赞美，文人骚客为此差不多穷尽了天下的华章。其实，在美丽面前，诗歌、辞章、音乐都是无力的。无论多么优秀的诗人和歌者，最后都会发出奈美若何的叹息！

美丽的女孩人见人爱，但真正令人心仪的永恒美丽，往往是具有磁石般魅力的女孩。那么，什么样的女孩才具有魅力呢？三个字：气质美。

气质是女孩征服世界的利器，就如同一座山上有了水就立刻显现出灵气一样。一个女孩只要插上了气质的翅膀，就会立刻神采飞扬、明眸顾盼、楚楚动人起来。

著名化妆品牌羽西的创始人靳羽西说过："气质与修养不是名人的专利，它是属于每一个人的。气质与修养也不是和金钱权势联系在一起，无论你是何种职业、任何年龄，哪怕你是这个社会中最普通的一员，也可以有独特的气质与修养。"

那么，现代的女性应具备哪些气质呢？

1. 人格之美

女性气质的魅力是从人格深层散发出来的美，自尊、自爱、端庄、贤淑、善解人意、富于同情心等都是美好的人格特征。相反，轻浮、自私、叽叽喳喳和鼠肚鸡肠的女人，即使容貌长得再漂亮、惹人喜爱也只是过眼云烟。

2. 温柔的力量

说到温柔，人们自然会想到圣母的画像，想起在极其柔和的背景中圣母玛丽亚温柔而圣洁的微笑。这微笑向人们展示了她的善良、无邪、温柔和博爱，她巨大的艺术魅力亘古不衰。

3. 腹有诗书气自华

读书和思考可以增加一个人的魅力。知识和修养可以令人耳聪目明，也会给一个女孩增添不凡的气质。学识和智慧是气质美的一根支柱，有了这根支柱，完全可以弥补容貌上的欠缺。

4. 可贵的坚韧

所谓温柔，并不是让女孩子一味地顺从、依赖、撒娇，女性也要有个性、有主见、有行为的自由。这种独立性是一种情感中的柔韧和追求中的坚定，是一种意志上的自持和克制力，是一种既不流于世俗又深深地蕴含着理性的行为。那些见异思迁、毫无主张、遇到挫折便哭哭啼啼的女孩，即使长得再漂亮也不会有人喜欢的。相反，对美的事物毫不动摇，坚持不懈追求的精神，完全可以使丑姑娘变得美丽。

气质是一种灵性，一个女孩如果只靠化妆品来维持，生命必定是苍白的。只有有气质的女孩才能表现出美丽的内涵。

气质是一种智慧，一点点地雕琢着一个人，塑造着一个人，一个不经意的动作，就能吸引所有人的目光。

气质是一种个性，蕴藏在差异之中，只有不断创新，才能拥有与众不同的韵味，成为一个让人一见难忘的人。

气质是一种修养，在城市流动的喧嚣中，洗练一种超凡脱俗的"宁"

与"静"，面对人间沧桑，才会嫣然一笑。

对女孩而言，气质是一种永恒的诱惑，因为气质不仅仅靠外貌就能获得，还要拥有丰富的智慧与常识，拥有傲人的气度与素质。

在生活水平日益提高的今天，用来美化包装女孩的手段可谓层出不穷。皮肤不白可以增白，五官不正可以再造，脂肪过剩可以吸除，形体不美可以训练，但至今还没听到有"女孩气质速成"之类的技术面世。

事实上，女孩的气质首先是先天的或者说是与生俱来的，其次，后天长期的潜心修养也很重要。而刻意模仿、临时突击则是难以从根本上改变气质的，弄不好"画虎不成反类犬"，成为效颦的东施，反为不美。

真正高贵脱俗、优雅绝伦的气质，需要的是全方位的修养和岁月的沉淀。像一抹梦中的花影，像一缕生命的暗香，渗透进女孩的骨髓与生命之中，让她们能够在面对岁月的无情流逝时，仍然能够拥有一份灵秀和聪慧，一份从容和淡泊……

优雅谈吐印象好

谈吐能直接反映出一个人是博学多识还是孤陋寡闻，是接受过良好教育还是浅薄无知。而杰出人士往往能够在社交中侃侃而谈，用词高雅恰当，言之有物，对问题见解深刻，反应敏捷，应答自如，能够简洁、准确、鲜明、生动地表达自己的思想与情感，表现出其不同凡响的气质和风度。

作家于伶回忆与鲁迅先生谈话时说："鲁迅先生谈吐深刻、严密、有力而又生动活泼，句句吸住我们。渐渐谈下去，愈来愈强烈地发射出真挚的热情，又有一种严峻的强大的威力，从瘦削的脸上透射出来。"使人听得入迷，产生"听君一席话，胜读十年书"之感。

有人不善言谈是因为怕说错话。说话不当固然会伤人，但是否永远保持"沉默是金"的信条，永远信奉"闭口深藏舌，安身处处牢"，就可以高枕无忧了呢？答案是否定的。要做一个成功者，要获得他人和上级的重视和赏识，沉默寡言绝非是成功之道。

成功者要想脱颖而出超越他人，就必须具备高超的说话技巧。苏秦游六国，说服各国国君联合；诸葛亮先是在隆中茅屋里侃侃而谈天下三分之势，说得刘备大为心折，后又舌战群儒，说服孙权主战；至于当今的推销员，更是凭着说话的技巧，说动千万个顾客。国外有研究者调查了数千名获得事业成功的人，试图找出他们的共同之处，结果发现，这些人都懂得巧妙地使用言语的方法。

在语言方面，交谈的总要求是：文明、礼貌、准确。语言是组织交谈的载体，交谈者对它应当高度重视，精心斟酌，这是不言而喻的。

女孩在交谈中，一定要使用文明优雅的语言。下述语言，绝对不宜在交谈之中采用。

1. 粗话

有人为了显示自己为人粗犷，出言必粗。其实，讲这种粗话，是很失身份的。

2. 脏话

讲脏话，即口带脏字，讲起话来骂骂咧咧，出口成"脏"。讲脏话的人，非但不文明，而且自我贬低，十分低级无聊。

3. 黑话

黑话，即流行于某些社会组织内的行话。讲黑话的人，往往自以为见过世面，可以吓唬人，实际上却显得匪气十足，令人反感厌恶，难以与他人进行真正的沟通和交流。

4. 怪话

有些人说起话来，怪里怪气，或讥讽嘲弄，或怨天尤人，或黑白颠倒，或耸人听闻，成心要以自己的谈吐之"怪"而令人刮目相看，一鸣惊人，结果却适得其反。爱讲怪话的人，难以令人产生好感。

5. 气话

气话，即说话时闹意气，泄私愤，图报复，大发牢骚，指桑骂槐。在交谈中说气话，不仅无助于沟通，而且还容易伤害人、得罪人。

女孩们在交谈中多使用礼貌用语，是博得他人好感与体谅的最为简单易行的做法。所谓礼貌用语，简称礼貌语，是指约定俗成的表示谦虚恭敬的专门用语。

在社交中，尤其有必要对下述礼貌语经常加以运用，并且多多益善。

1. 您好

"您好"，是一句表示问候的礼貌语。遇到相识者或不相识者，不论是深入交谈，还是打个招呼，都应主动向对方先问一声"您好"。若对方先问候了自己，也要以此来回应。在有些地方，人们惯以"你吃饭了没有"、"最近在忙什么"、"身体怎么样"、"一向可好"，来打招呼、问候他人，但都没有"您好"简洁通行。

2. 请

"请"，是一句请托礼貌语。在要求他人做某件事情时，居高临下、颐指气使不合适，低声下气、百般乞求也没有必要。在此情况下，多用上一个"请"字，就可以逢山开路、遇水架桥，赢得主动，得到对方的照应。

3. 谢谢

"谢谢"，是一句致谢的礼貌语。每逢获得理解、得到帮助、承蒙关照、接受服务、受到礼遇之时，都应当立即向对方道一声"谢谢"。这样做，既是真诚地感激对方，又是对于对方的一种积极肯定。

4. 对不起

"对不起"，是一句道歉的礼貌语。当打扰、妨碍、影响了别人，或是在人际交往中给他人造成不便，甚至给对方造成某种程度的损失、伤害时，务必要及时向对方说一声"对不起"。这将有助于大事化小、小事化了，并且有助于修复双方的关系。

5. 再见

"再见"，是一句道别的礼貌语。在交谈结束、与人作别之际，道上一句"再见"，可以表达惜别之意与恭敬之情。

优雅的谈吐可以在生活中培养，而且有以下几点技巧。

1. 有效的说话态度

说话时应该态度从容，双目注视对方，表示出诚挚的神情。随时注意对方的反应，这是说话有效的关键所在。发现对方很感兴趣的样子，你就继续深入；发现对方怀疑的样子，你就要对你刚才说的话稍加解释，不要只顾往下说；发现对方神情不悦的样子，你就该设法结束或者换一个话题；发现对方要插话或问话的样子，就要停顿让对方发表意见，这才称得上交流。谈话时不管对方的反应，只是自己一味滔滔不绝，这样你就是在说给自己听了，这亦是谈话之大忌。

2. 说对方关心的话

人最关心的是与自己有关的事，所以不能只谈自己的主张。一再说"我"，会让对方觉得自己的存在和主张被忽略了，因而在心中形成一道鸿沟，即使你说得再天花乱坠，他也只是漫不经心。对方既然是和你同样的人，当然也想谈论自己的欲望。如果希望表示你的出色，就不要只专注于谈论自己，而要把会话的方向转向对方和对方关心的问题，如此对方将给予你更高的评价。

3. 不要故作高深

说话不需要矫揉造作，卖弄辞藻。动辄引经据典做高深状，其实对方早已听得心烦。说话应以打动对方为最高目标。用质朴自然的话把自己最熟悉的事讲出来，最能打动人心。对于自己一知半解的问题，最好不要信口开河，"以其昏昏，使人昭昭"是不可能的事。

其实，即使是最生动活泼的会话，其内容也有不少是无意义的赘言。至少在开始的一长段时间内，大家都不会情绪热烈地敞开心扉。如果这时你就抛出一些抽象的理论或高深的哲理，无疑会使对方难以产生共鸣，对方只好关闭刚欲开启的心扉，让你独自在高雅的天空翱翔。

人生并不是在做戏，"无聊的谈话"正是为了在双方心灵之间先拉好吊桥的钢缆。有一句话说得很正确："不要执意于深奥或好听的话，相反地，要用普通的句子和身边的事物作话题，来建立你的人际关系！"

4. 使人赞同的说话方法

在谈话中提出自己的观点，又使这种事情与对方有连带关系，对方将会欣然赞同你的观点。比如说，"我也是这么想的"、"我也有这样的感觉"、"看来我在这点上与你相同"、"你可能也知道这件事"等。如果你叙述的感觉和经验，使对方觉得与他的感觉经验有相似之处，他当然会赞同你。正如对好恶感的心理分析所得出的类似性原理：有类似的态度、观点的人容易亲近。

如果必须讲出与对方观点相反的话，也应找出一些共同的地方，有了这些双方一致的共同点，你的相反观点也较容易被对方接受。

无论你拥有再高的天赋，受过再高深的教育，穿上再漂亮的衣服，拥有规模再大的财产，如果你不能用优雅的谈吐来表达自己的思想，你的品位就称不上高，你的人生也不会完美。为了在交往中成为受欢迎的人，优雅的谈吐是必不可少的。那么，女孩们从现在就开始培养吧。

掌握文明礼仪

古人说："无礼不能立。"中国是一个历史悠久的礼仪之邦，讲究文明是处世之本。礼貌待人，反映着一个人的精神面貌和文化素质，是心灵美、语言美和行为美的和谐统一。

而今天，我们经常见到或听到一些女孩缺少文明礼貌的行为：脏话连篇、随地吐痰、在一些公共场合旁若无人地大声喧哗、随手乱扔废弃物、买东西交款不排队、上公共汽车乱挤等。人们瞧见了会说："这孩子缺少家教。"

有时，一个小小的不文明的举止，会让人陷入不利境地。

有个年轻人骑车赶路，到了黄昏还没有找到住处，心里很着急。忽然，他看见远处一位老农，便高声喊："老头子，这儿离旅店还有多远？"

老人回答："五里！"年轻人赶了十多里路，仍不见人烟。他自言自语道：老头子骗人，五里！什么五里？他猛然醒悟过来，这"五里"不是"无礼"的谐音吗？问路不讲礼貌，怎么能得到正确答复呢？于是，他掉转车头往回赶，见那位老农还在那里，他急忙下车，恭敬地叫了一声："老大爷！"老农说："你已经错过了路头，如不嫌弃，可到我家一住。"年轻人问路称呼老人不用敬语，说话、待人粗鲁，其结果是"不施一礼，多跑十里"。

女孩说话运用敬语和谦语，可以与人增进友谊，使人乐于合作、乐于提供帮助和方便，让人觉得你有修养。

当然在平时，即使你是率直、不拘小节的人，对别人说话时也应尽量注意礼貌及谦和的态度，如此经常不忘以诚恳的口吻说"请"、"谢谢"、"对不起"、"您好"、"麻烦您"、"抱歉"、"请原谅"等谦让语，必定使你待人处世更加顺利成功。

在公共场合，女孩需留心自己的言行举止，不可等闲视之。

一天，妈妈带小丽去参加老同学聚会。用餐时，大人们推杯换盏尽情地聊着，小丽伸着筷子，看哪盘菜好吃就一个劲儿地挑着吃，一副不管不顾的样子。有人开了个玩笑说："这小丫头真精啊！"妈妈听了简直无地自容。是呀，在家里吃饭这不算什么事，奶奶每次做了好菜都紧着小丽吃。像三鲜虾仁这道菜，小丽就专挑虾仁吃，奶奶还帮着她挑，直到把盘子里的虾仁挑得一个不剩，留下一堆黄瓜片，她才住手。现在虽说到了外边，可习惯已经成自然了，这丢脸的吃相一时哪里改得过来。

女孩除了要吃有吃相、坐有坐相，还应注意以下几种妨碍他人的令人生厌的行为举止：

1. 公开露面前，需把衣裤整理好。尤其是出洗手间时，你的样子最好与进去时保持一样，或更好才行，边走边扣扣子、边拉拉链、擦手甩水都是失礼的行为。

2. 参加正式活动前，不宜吃带有强烈刺激性气味的食物（如蒜、韭菜、洋葱等），以免因口腔异味而引起交往对象的不悦甚至反感。

3. 在公共场所里，高声谈笑、大呼小叫是一种极不文明的行为，应避免。在人群集中的地方更须加倍地低声细语，声音的大小以不引起他人注意为宜。

4. 在众人之中，应力求避免从身体内发出的各种异常的声音。咳嗽、打喷嚏、打哈欠等均应侧身掩面再为之。

5. 公共场合不得用手抓挠身体的任何部位。文雅起见，最好不当众抓耳搔腮、挖耳鼻、揉眼搓泥垢，也不可随意剔牙、修剪指甲、梳理头发。若身体不适非做不可，则应去洗手间完成。

6. 对陌生人不要盯视或评头论足。当他人做私人谈话时，不可接近。他人需要自己帮助时，要尽力而为。见别人有不幸之事，不可有嘲笑、起哄之举动。自己的行动妨碍了他人应致歉，得到别人的帮助应立即道谢。

7. 在人来人往的公共场所最好不要吃东西，更不要出于友好而逼着在场的人非尝一尝你吃的东西不可。爱吃零食者，在公共场所为了维护自己的美好形象，一定要有所克制。

8. 在大庭广众之下，不要趴在或坐在桌上，也不要在他人面前躺在沙发里。走路脚步要放轻，不要走得"咚咚"作响，遇到急事时，不要急不择路，慌张奔跑。

9. 感冒或其他传染病患者应避免参加各种公共场所的活动，以免将病毒传染给他人，影响他人的身体健康。

10. 对一切公共活动场所的规则都应无条件地遵守与服从，这是最起码的公德观念。不随地吐痰，不随手乱扔烟头及其他废物。非吐非扔不可，必须等找到污物桶后再行动。

另外，女孩与人谈话时，需做到以下几点：

1. 和别人谈话的时候一定要看着对方的脸。当别人对你说话的时候，一定要专心致志，漫不经心会让人觉得你是有意怠慢，甚至是对他人的一种羞辱，因为别人与你说话，你置之不理，就等于说你对他的话不屑一顾。别人说话的时候，不要总是用"是"、"不"或是清咳来干扰对方，这一点往往会造成不好的影响。

2. 用言语或是动作偶尔表达你的赞同就足够了，有时频繁地点头表示赞同也会令人不快。

3. 谈话不可长篇大论，次数不可过于频繁，这样才不会让你周围的人离你而去。

4. 未经别人允许，不要贸然介入别人的活动或是上去帮忙，这也是十分粗鲁的举动，一定要尽量避免。别人必定有自己的解决办法，如果你认为他那样做有所不妥，那么事后你有足够的时间去帮他纠正或是补充。

5. 在别人谈话的时候打断别人也是一种不礼貌的行为。不经过慎重考虑，不要胡乱指责任何人。

总之，对女孩来说，保持良好的文明礼仪，将受益终生，它不仅增添你的形象魅力，更能令你在事业上如鱼得水。

每天保持微笑

微笑无声，却传达着"我喜欢你"、"我表示欣赏、赞同"、"你很受欢迎"等丰富的含义。微笑，是为人处世中最有价值、最富有吸引力的面部表情。

生活中，微笑的威力巨大。

微笑能给对方良好的第一印象；微笑可以表示对他人的尊重和友好；微笑能打破僵局，解除人的心理戒备；微笑能表示对他人赞许、理解、谅解等态度。

一天，美国旅馆大王希尔顿在新旅馆营业员工大会上问大家："现在我们旅馆新添了第一流的设备，你们觉得还应该配上哪些第一流的东西，才能使顾客更喜欢希尔顿旅馆呢？"员工们纷纷提出自己的意见，但希尔顿并不满意，他说：

"你们想想，如果旅馆只有第一流的设备，而没有第一流服务员的微笑，顾客会认为我们提供了他们最喜欢的全部东西吗？如果缺少服务员美好的微笑，能使我们的上帝有回家的感觉吗？"

稍停片刻，希尔顿又接着说："我宁愿走进一家设备简陋而到处充满服务员微笑的旅馆，也不愿去一家装饰富丽堂皇但不见微笑的旅馆。"

正是这微笑，让希尔顿旅馆赢得了不少顾客，给希尔顿带来了信誉和成功。的确，微笑是人际沟通的通行证。微笑能带给人温暖，令人愉悦和舒畅。

有人把微笑称为一种有效的"交际世界语"，这是十分恰当的。正如罗杰·E. 艾克斯泰尔所指出的："有一个世界通用的动作，一种表示，一种交流形式，它存在于所有的文化与国家中，人们不分国别、不分种族地使用它，并理解它的含义。它可以帮助你与各种关系的人交往，不论是业务伙伴，还是朋友，它是人们交流中唯一最有用的形式。那就是微笑。"

与人初次见面，面露微笑，就好像具有一种磁力，使人顿生好感；见到老朋友，点头微笑，打个招呼，会使人感到你不忘旧情，是个重礼仪的人；服务人员自然地面露微笑，则会给人一种宾至如归的感觉。一家百货公司的经理曾说过，在录用女店员时，小学未毕业却能经常微笑的女子，比大学毕业而满脸冰霜的女子机会大得多。

女孩在微笑时，要发自内心、发自肺腑，无任何做作之态，防止虚伪地笑。只有笑得真诚，才显得亲切自然，与你交往的人才能感到轻松愉快。切不可"皮笑肉不笑"或笑过了头，给人傻乎乎之感。

微笑的基本做法是不发声、不露齿，肌肉放松，嘴角两端向上略微提起，面含笑意，使人如沐春风。

微笑可进行技术性训练。因为人们微笑之时，口角两端向上翘起。练习时，双颊肌肉向上抬，口里可念着普通话的"一"字音。训练眼睛的"笑容"时，取厚纸一张，遮住眼睛下边部位，对着镜子，回忆过去的美好生活，使笑肌提升收缩，嘴巴两端做出微笑的口型，随后放松面部肌肉，眼睛随之恢复原形。

还可以在多人中间讲一段话，讲话时注意自己的笑容，并请同伴们给予评议，帮助矫正。

打造翩翩风度

人们常说"他真是风度翩翩"、"她秀外而慧中"等话，这指的都是一个人的风度。

风度是一个人性格、气质、文化水平、道德修养的外在表现，是人自身所具有的较为稳定的行为习惯的外在表现方式，即一个人在言谈举止中自然表现出的各种独特的语气、语调、手势、动作等。

由于人的性格、气质不同，内在修养不等，行为习惯各异，每个人的风度也就不尽相同。良好的风度是众人所追求的，而它则是以个人良好的文化素养、渊博的学识、精深的思辨能力为内核的。那些胸无点墨、不学无术的人，任凭其仪表怎么华丽，也不可能具有良好的风度。

良好的风度需要较长时间的培养与修养，要加强自身内在的涵养，使自己心灵美，然后这种内在美才可能转化为良好的风度。

没有人愿意和毫无风度、畏畏缩缩、不自信的人交往。如果不懂怎样和人交往，必将是孤立的。可以说，人际关系的好坏是决定人生成败的重要因素。所以，我们必须注重自身风度，随时随地给别人留下良好印象：说话有尺度，交往讲分寸，办事重策略，行为有节制，别人就很容易接纳你、帮助你、尊重你，满足你的愿望。

生活中，一些人能像磁石吸引铁屑一般，自然而然地吸引他周围的人，做事则得心应手、顺心如意，这是因为他们拥有磁铁般富有吸引力的风度、个性。尽管看起来他们似乎也没有多么努力，但机遇围绕着他们打转，朋友们称他们为"幸运儿"。如果我们进一步分析他们，会发现他们有着迷人的风度、个性，这就是他们赢得人心的原因所在。

培养受人欢迎的风度是很必要的，它能使成功的机遇倍增，能够发展人际关系，塑造良好形象。

那么，女孩如何打造自己的翩翩风度呢？

1. 懂得幽默。以轻松的心态处世，人生将充满光明，也会使与你接触的人受到感染。

2. 时常微笑。笑容会使你显得和蔼可亲、平易近人。

3. 注意你的声音。讲话的语调开朗、镇定、平稳的人最受人喜爱。

4. 不要忽略礼貌，常说"请"和"谢谢"。

5. 善用自嘲，可增强你的魅力。

6. 不要小气。例如朋友很喜欢你的玫瑰花，不妨送一朵给她。

7. 不过于在意自己的相貌。很少有人能拥有完美的外表，何况美丽的外表不见得比优雅的谈吐、亲切的微笑更让人喜爱。

8. 注意自己的身姿，抬头挺胸，让大家知道你充满自信。

9. 不要吝啬赞美的话，如果你对谁有好感，就该向他说出来。要对别人有兴趣，谁都觉得只关心自己的人很乏味。

10. 与对方的目光相接，表示你沉稳、自信，同时也表示你对对方感兴趣。

11. 多读报纸杂志，及时掌握当前的热门话题，能够变得健谈起来。

12. 不要急于求成。懂得保持一定的距离，懂得怎样适可而止，才更有吸引力。例如，参加聚会不做第一个到和第一个走的人，给朋友打电话不要没完没了。

13. 把自己当主人。因为你觉得害怕，所以才会害羞。但如果你把自己当作主人而非客人，主动招呼、照顾别人，就会使人觉得愉快。

14. 兴趣广泛、关心时事，这样才有丰富的谈话资料。难以想象有谁对每天只知道上班、下班、吃饭、睡觉的人感兴趣。

15. 勇于参加讨论，发表意见。通常人们都很佩服那些勇于站出来发表自己看法的人。另外，被认为很有魅力的人一般都很主动、很活跃，不会当旁观者。

16. 不要动不动就发脾气。常发脾气只能让人对你多加提防。

17. 能相信别人。爱猜疑的人不会给人以温暖和关怀，而温暖和关怀是魅力不可或缺的要素。

18. 不刻意隐瞒自己的情感。对什么事都不动声色，别人会觉得你很冷漠。

19. 学会处理生活上大大小小的事。只会处理办公桌上的事，不会成为很有魅力的人。

20. 要有自己的原则。让人知道你也会生气，也会对某些事看不惯，不是一个"好好小姐"。

21. Z穿自己喜欢的衣服。选择衣服时要看自己满不满意，不要过于考虑别人喜欢。只有自己满意，你才会觉得愉快、自信，这才是吸引人的地方。

不断优化性格

戏剧大师莎士比亚曾说："性格决定人的命运。"

心理学家通常把性格看作是一个人对现实的稳定的态度以及与之相适应的行为方式的独特结合。在现实生活中，有的人诚实，有的人虚伪；有的人豁达宽容，有的人心胸狭窄；有的人正直善良，富于同情心；有的人冷漠自私，不顾他人；有的人沉静，有的人热烈；有的人喜欢饶舌，有的人沉默寡言；有的人执拗而自负，有的人羞怯而缺乏自信；有的人刚强勇敢，历经打击而坚强不屈；有的人则软弱怯懦，稍遇困难便叫苦不迭；有的人脾气急躁，点火就着，随时可能和人吵架；有的人却慢条斯理，火烧眉毛也不着急。诸如此类的差异，都是人们不同性格的表现。心理学家们认为，性格是人的个性的组成部分，是个性中最重要的心理特征，在个性中起着核心作用。它与兴趣、能力等其他个性特征的关系极为密切。

良好的性格能给人带来事业的顺利、人生的辉煌。

当代杰出的女作家冰心，一生淡泊名利，生活上崇尚简朴，不奢求过高的物质享受。文坛上无谓的斗争，与她无关，她在平和的环境中与人相处，在微笑中勤奋写作。她的健康长寿、事业辉煌都得益于开朗、豁达的性格。

性格也影响着人的健康。《三国演义》里的周瑜是东吴的大都督，人们说他是活活被诸葛亮给气死的。话说回来，如果身经百战的周瑜具有良好的性格，诸葛亮就是有天大的本事也气不死他。《红楼梦》里才貌双全的林黛玉，就是因其性格多愁善感，忧郁猜疑，终于积郁成疾，呕血而死。现代医学证实，那些抑郁症和精神分裂症患者大多是性格孤僻、不适应社会生活所致，有些高血压、心脏病患者与性格暴躁、易于动怒有关。

有人说，人生的悲剧归根到底是性格的悲剧。《三国演义》里的关羽，过五关，斩六将，英勇无敌，但因性格刚愎自用，终于败走麦城而死。俄国作家果戈理长篇小说《死魂灵》里的泼留希金，他的家财堆积得腐烂发霉，可是贪婪、吝啬的性格促使他每天上街拾破烂，过乞丐般的生活。在现实生活里，性格的悲剧更是屡见不鲜。

可见，不同的性格塑造着各种不同的人生。一个人要想拥有美好的未来，那就必须首先塑造好性格。

性格虽然具有较大的稳定性，但也可以自我改变、自我培养、自我塑造。改造性格需要通过内省了解自我性格的优点与缺点，以便确定改变的方向。只要女孩有恒心、有毅力，在日常生活中坚持不懈地扬弃内在的自我，就一定能够塑造出完美刚毅的好性格。

女孩要优化性格，就必须找出应该改正的一面，然后认识它、掌握它、控制它，最终改变它。

第十三章

乐于助人——有爱心的女孩更幸福

保护女孩的善良天性

女孩3岁了，每次看见一只蚂蚁，也许别的母亲会鼓励她的女儿一脚踩死那只蚂蚁来锻炼胆量，可是这个女孩的母亲却柔声地对她说："女儿，你看它好乖哦！蚂蚁妈妈一定很疼爱它的宝宝呢！"于是小女孩就趴在一旁惊喜地看那只蚂蚁宝宝。蚂蚁遇见障碍物过不去了，小女孩就用小手搭桥让它爬过去。母亲一脸欣喜。

后来，女孩上幼儿园了。有一次，她吃完了香蕉随手乱扔香蕉皮。母亲看到了，就让她捡起来，带着她丢进果皮箱里。然后给她讲了一个故事：一个小女孩，在妈妈的熏陶下，总要把垃圾扔进果皮箱里。有一次马路对面才有果皮箱，她就过马路去丢雪糕纸。妈妈看着她走过去。然而一辆车飞奔过来，小女孩像一只蝴蝶一样飞走了。她妈妈就疯了，每天都在那个地方捡别人丢下的垃圾。当地人被感动了，从此不再乱丢垃圾。他们把那些绿色的果皮箱擦得一尘不染，在每一个果皮箱上都贴上小女孩的名字和美丽的相片。从此，那个城市成了一座永远美丽的城市。故事讲完了，女孩的眼睛湿润了。她说："妈妈，我再也不乱扔东西了。"

转眼间，女孩上小学了。一个秋晨，有人打电话通知母亲，说她女儿在值日时没有把窗户关严，风把两块玻璃刮破了。母亲马上意识到这事在这个管理甚严的学校里意味着什么。

中午，母亲找来昨天值日的女儿。女儿怯怯地说："昨晚放学时，教室里有两只蝴蝶，赶来赶去，总有一只飞不出教室。我只好开着一扇窗户，好让外面的飞进来，或者里面的飞出去，让它们结伴去玩，想不到会被大风刮破了玻璃……"

女儿几乎落泪地嗫嚅着说，自己愿意赔偿这两块玻璃。妈妈一直无语，待她说完后，摸了摸她的头发说："没事了，去玩吧。"

后来母亲去了财务室："这两块玻璃的钱，我现在就掏……"

罗素曾说："在一切道德品质之中，善良的本性在世界上是最需要的。"唯有善良，可以让任何丑陋和邪恶自惭形秽，消失于无形；也唯有善良，可以让整个世界充满爱，每个人都可以为他人着想。保持善良的本性，恪守着心中的善良不变，是每个女孩都应该懂得的道理。

很多女孩天生就充满爱心和善良。在日常生活中，学会保护女孩表现出来的一点点善行，激发她们的爱心，终有一天等女孩长大成人的时候，就会具有令人欣赏的爱心和善意，彻底与冷漠无缘，成为一个带给别人爱与感动的人。

把快乐带给别人

这是守墓人亲身经历的故事：

每周，守墓人都会收到一位素不相识的妇人的来信，信中附着钞票，让他每周帮她在她儿子的墓地上放一束鲜花，这样的状况持续了很多年。

后来有一天，他们照面了。那天，一辆小车停在公墓大门口，司机匆匆来到守墓人的小屋，说："夫人在门口车上，她病得走不动了，请你去一下。"

一位上了年纪的妇人坐在车上，表情有几分高贵，但眼神哀伤，毫无光彩。她怀抱着一大束鲜花。

"我就是鲁比夫人。"她说，"这几年我每个礼拜给你寄钱……"

"买花。"守墓人答道。

"对，给我儿子。"

"我一次也没忘了放花，夫人。"

"今天我亲自来，"鲁比夫人温存地说，"因为医生说我活不了几个礼拜。死了倒好，活着也没意思了。我只是想再看一眼我儿子，亲手来放一些花。"

守墓人眨着眼睛，苦笑了一下，决定再讲几句："我说，夫人，这几年您常寄钱来买花，我总觉得可惜。"

"可惜?"

"鲜花搁在那儿，几天就干了。没人闻，没人看，太可惜了!"

"你真是这么想的?""是的，夫人，你别见怪。我是想起来自己常去的敬老院，那儿的人可爱花了。他们爱看花，爱闻花。那儿都是活人，可这儿的墓里哪个是活着的?"

老夫人没有作声。她只是小坐了一会儿，默默地祷告了一阵，没留话便走了。守墓人后悔自己的一番话太直率、太欠考虑，这会使她受不了的。

可是几个月后，这位老妇人又忽然来访，把守墓人惊得目瞪口呆：她这回是自己开车来的。老妇人微笑着，显得很开心："我把花送给敬老院里的人们了。他们看到花是那么高兴，这真让我感到快乐! 我的病也好转了，医生都不明白是怎么回事，可是我自己明白。"

给予比接受更能给人带来快乐。一个人尝试着把自己的爱心带给别人，他就能够在施予的过程中和他带给别人的快乐中发现自己的快乐。老妇人正是因为把快乐带给了别人，同时也就把快乐带给了自己，这样她的病当然会好了。给别人快乐，就是给自己快乐，每个人都该明白这样的道理。

能把快乐带给别人的人，一定是快乐的。因为他奉献出了快乐，是产生快乐的根源，所以本身也会很快乐。

老妇人失去了儿子，本来是不快乐的，但她通过帮助别人，把鲜花送给那些真正需要鲜花的人，她得到了快乐，自己的病也得到了缓解。这就是付出与得到的范例。

生活中，每个人都会遇到或大或小不顺心的事情或者是烦恼，在烦恼的时候我们总是更多地关注自己，而忽略身边的人。在自己的烦恼里挣扎得越久，越容易深陷其中难以自拔，最终导致抑郁。此时，你可以放眼看看周围，为那些需要帮助的人做一些力所能及的事情，你也许就会发现，烦恼不见了，生活变得快乐起来了。

任何人都不是单独的个体，我们的社会是一个团体，每个人都要与别人有所联系。在他人烦恼或者不幸时提供帮助，就是把自己从个体的纠结中挣脱出来，与大众产生联系。这样，个人的不幸和烦恼就会随着与众人的亲密关系而消失于无形。因此，把快乐带给别人吧，这样，女孩们自身的烦恼才会解除。

拥有同情心

许多年前，在弗吉尼亚北部，一个很冷的晚上，一位老人等待骑手带他过河，他的胡须上挂的霜已在冬天结成冰。等待似乎是永无止境的，在冰冷的北风中，他的躯体变得麻木和僵硬。

他听见马沿着冰冻的路面奔跑着逐渐远去的均匀的蹄声，当几个骑手路过时，他忧虑地看着他们。他让第一个骑手走过而没有让自己引起他的注意；第二个、第三个都这样过去了；当最后一个骑手来到老人坐的地方时，老人已像一个雪人。老人看着骑手的眼睛，说："先生，您不介意带一个老人过河吧？我已经找不到路了。"

　　骑手停住了马，亲切地回答道："当然，上马来吧。"看到老人被冻僵的身体不可能起身，他便下马帮助老人。骑手不仅带着老人过了河，还把他带到了目的地。当他们来到温暖的小屋前时，骑手好奇地问："老先生，我注意到您让几个骑手走过而没有请他们带你。然而我来，您即刻请求我，我觉得奇怪，这是为什么？在这样寒冷的冬夜，您情愿等待和请求最后一个骑手，如果我拒绝，您怎么办？"

　　老人慢慢地从马上下来，看着骑手的眼睛说："我在这里已经有些日子了，我想我更了解当地人。"老人继续说，"我看见了他们的眼睛，立即知道他们并不关心我的状况，请求他们帮助是没有用的。但在您的眼神里，我看到了友善和同情。"

　　这名骑手就是美国历史上著名的总统托马斯·杰斐逊。

　　善良是可以通过眼神来表现的，一个人可以穿得像个乞丐，但那透过眼睛表现出的善良却是没有办法消除的。这也从侧面说明，无论一个人的外表怎样，他的本质是不会变的，透过眼睛，透过真正的事件的考验，我们会分出真正的善良之人和不善之人。同样，真正的善良从来都不是外表做做样子就可以养成的，善良的心是从关爱每一个人、帮助每一个需要帮助的人开始的。

　　一个没有同情心的人，是冷酷残忍的；一个没有同情心的世界，是冷漠可怕的。但同情心不会自发产生，同情心也要靠精心培植和维护，在心灵里播下爱的种子，才能长成同情之花；只有全社会都为同情心叫好呐喊，才能形成一个充满同情心的环境。

　　19世纪末叶的西伯利亚，富于同情心的小镇居民，常常在深夜房外的窗台上放着酸奶、面包和旧衣服，以供那些从流亡地逃跑的十二月党人食用，一些著名的十二月党人，就是靠着这些食物和衣服才逃出了冰天雪地的西伯利亚。小镇居民的名字至今谁也不知道，更不见经传史册，可他们的善举，不仅温暖了冻饿至极的十二月党人，而且至今还温暖着世界人们的心灵。

培根说："同情在一切内在的道德和尊严中是最高的美德。"孟德斯鸠也说过："同情是善良心所启发的一种情感之反映。"一个善良的人一定是充满了爱心和同情心的人，一个没有同情心的人也不可能是一个有爱心的人。拥有同情心，女孩就拥有了去帮助别人的善心和爱心，你就会懂得在别人处于困难和需要帮助时，给别人以帮助是一件多么美好和值得骄傲的事情，你的生活和生命都将因此而充满光彩。

以善结友

战国时期，楚国梁国交界，两国边境上各设界亭，亭卒们各自在空地上种了西瓜。梁国的亭卒非常勤劳，锄草浇水，瓜秧长得非常好；而楚国的亭卒非常懒惰，不务农事，西瓜的长势很不好，与梁国的瓜田就有了天壤之别。楚国的亭卒们心里妒忌，于是他们在一个无月的夜晚，跑过境把梁国地里的瓜秧给扯断了。

第二天，梁国的亭卒发现此事非常气愤，就将这件事上报给了县令宋就，要求也去扯烂楚国的瓜秧，哪知宋就说："这样做当然很解气，可我们明明不愿意他们扯断我们的瓜秧，为什么还要去扯断别人的瓜秧呢？明明是他人做得不对，我们再跟着学，这实在是太狭隘了。"人们觉得很有道理，就问他该怎么办，宋就说："你们可以每晚给他们的瓜秧浇水，让他们的瓜秧好起来。"梁亭的人听了宋就的话，都觉得很有道理，于是就照做了。

过了一段时间，楚国人发现自己的瓜秧长得一天比一天好，他们很奇怪，经过仔细观察，才发现原来是梁国人为他们浇的水，顿时觉得非常惭愧，无地自容，马上就上报了楚王。楚王听了之后，特备厚礼送到梁国，表示酬谢，并以示自责。结果，这一对原来敌对的国家后来成了友好的邻邦。

常言道："勿以恶小而为之，勿以善小而不为。"凡事无论大小，只要是行善的就应该去做。面对别人所做的恶事，不应该以恶制恶，而应该坚持我们的行善原则。现实生活中，千万不能因为别人先做了对自己不好的事就以牙还牙、以暴制暴，而要以善为本，恪守自己的道德准则，恶虽小也不为，善虽小也要为之。

在我们身边，经常会有人做一些违背道德的事，我们通常把这些事称作坏事。一些人做了一些坏事，这本是自然的，也是必然的事情。如果我们纠结于别人的错误，整天在关注别人说错了什么、做错了什么，恐怕我们不但阻止不了别人作恶，反而会阻碍自己在正直的道路上前进，从而为自己平添无数烦恼。

古希腊神话中有一位大英雄叫海格力斯。一天，他走在坎坷不平的山路上，发现脚边有袋子似的东西很碍脚，他就用力踩了那东西一脚，谁知那东西不但没被踩破，反而膨胀起来，加倍地扩大着。海格力斯恼羞成怒，操起一条碗口粗的木棒砸它，那东西竟然胀大到把路堵死了。

正在这时，山中走出一位圣人，对海格力斯说："朋友，快别动它，忘了它吧，离开它，远去吧！它叫仇恨袋，你不犯它，他便小如当初，你侵犯它，它就会膨胀起来，挡住你的路，与你敌对到底！"

生活中，我们难免会与道德堕落的人产生摩擦、误会，甚至仇恨，所有道德堕落的人不过是路边的一处风景，它或许不美，但却是宇宙中自然的存在。忽略它，不要让它对自己产生任何不利的影响，不论是行为上的，还是观念上的，然后沿着正直的道路前进。否则，我们将使心灵受害，使自己痛苦不堪，直到被打倒在去往正直的道路上。

善良给人的收获

一个周末的晚上，松树堡的寡妇正和她5个年幼的儿女围坐在火堆旁。虽然和孩子们说笑着，但她心里却愁云密布。在这个广阔却寒冷的世界里，她没有一个朋友，没有任何人可以依靠。这一年来，她一个人用那双瘦弱的双手支撑着整个家庭。

如今正值寒冬，森林早已披上了洁白的银装，北风吹得松枝哗哗作响，连她的小屋也颤动起来。屋内的火堆上正烤着一条青鱼，这是她们全家唯一的食物。当她看到孩子们欢笑的脸庞时，心里便充满了无限的凄楚和焦虑。是的，她相信上帝一直保佑着她，并了解她的疾苦和贫困，她也知道上帝曾经答应帮助那些孤儿寡母，而上帝绝不会食言，可她现在仍然感到万分的凄苦和无助。

几年前，上帝带走了她最大的儿子。他离开家庭，到遥远的地方去寻找宝藏，从此便杳无音讯，再没回来过。不久，上帝又派死神带走她的伴侣和依靠——丈夫。但她从来都没有沮丧过。她艰辛地劳动，不仅供养着自己的孩子，还不时地帮助其他穷人。

懒惰的人只要还能够生存，就能忍受贫穷。而自私的人即使在寒冬中也不会受到考验，因为他的情感不会因此而痛苦，心灵也不会因别人而悲伤。只要在闹市之中，即便是最无助的人也还怀有希望，因为面对痛苦，仁爱还没有完全收回她同情的双手。

可是松树堡的这位寡妇，却丝毫感受不到人类的仁爱，上面所说的一切都不能安慰她。她如今只能无奈地弯下身，将最后的食物分给孩子们。这时，一股神奇的激情忽然鼓舞了她，她的脑海中浮现出诗人考伯优美的诗句：

"上帝不会通过简单的感觉便下判断，

"我们应该坚信他是仁慈的；

"在他眉头紧锁的严肃后面，

"是一张仁爱和微笑的脸庞。"

她刚把这最后的食物放在桌上，就听到一阵敲门声和狗叫声。全家人的注意力都被吸引了过来，孩子们争先恐后地跑去开门。门口站着一位十分疲倦的旅人，他衣衫褴褛，但十分健康。

旅人走进屋，请求留宿一夜，并想要一些吃的。他说："我一整天滴水未进了。"寡妇听了十分难过，现在她心里关心的不只是自己的事。她毫不犹豫地把最后一点食物分了一份给旅人，并微笑着告诉孩子们："我们绝不会因为这小小的善举而被遗弃，也绝不会因此陷入更深的困苦之中。"

旅人于是来到盘子旁，当他发现盘中的食物少得可怜时，抬头惊奇地望着这一家人："天啊，你们只有这一点食物吗？"他叫道，"但却仍然把它分给一个陌生人，你们真是太善良了。可是，"他继续问，"你慷慨地分给我最后一点食物，这些可怜的孩子不就要挨饿吗？"

"是啊！"寡妇忽然泪流满面，"可我还有一个儿子，如果他还没有被上帝带走的话，现在不知在世界的哪个角落。我如此待你，也祈祷别人能如此待他。上帝的仁爱遍施大地，他同样会保佑我们。就是此刻，我的儿子可能也在四处流浪，和你一般疲惫饥饿，我只希望他能被一户人家所收留，即使那户人家和我们一样的贫困。因此我又怎能背叛上帝，不真诚地收留你呢？"

寡妇刚说完话，旅人便激动地跑过去抱住了她。"上帝果真使你儿子被一个善良的家庭所收留，并且赐予了他财富，使他能感谢真诚收留他的人：我的妈妈！哦，亲爱的妈妈！"原来旅人正是寡妇多年未见的大儿子，他刚从印度归来。为了给家人一个惊喜，他掩藏了自己的身份。当然，这是一份最令人感动，也最令人快乐的惊喜！

柏拉图说："你如果是一个真正善良而正直的人，那么，当你行仁守义的时候，永远不会遇到伤害。"善行必有善报，无论何时，当你以一种为别人考虑、帮助他人的善念做事的时候，不知不觉中，那善良的反馈也会回到你身上。更重要的是，当你以善良的心来对待别人时，别人也必将以善良相赠，长此以往，社会就会广施善事，和谐稳定。

一位哲学家问他的学生们："世界上最可爱的东西是什么？"学生听了，便争先恐后地站起来回答。最后一个学生回答道："世界上最可爱的东西，是善。"那哲学家说："的确，你所说的'善'这个字中包含了他们所有的答案。因为善良的人，对于自己，他能够自安自足；对于别人，他则是一个良好的伴侣，可亲的朋友。"

善良、诚恳、坦率、慷慨，都是宝贵的财富，这种财富要比千万的家产有价值得多。而且有这种财富的人，没有一分钱的资本，也能做出伟大的事业。

如果一个人能够大彻大悟、尽力去为他人服务，他的生命将来也必定有惊人的发展。人生的美德没有再比和气、善良来得更宝贵的了。

给别人以帮助和鼓励，自己不但不会有损失，反而会有所收获。通常，一个人给别人的帮助和鼓励越多，从别人那儿得到的收获也越多。而那种吝啬的人，对他人不表同情、不予帮助的人，无异于使自己陷于孤独无助的境地。有时说几句鼓励的话，就可以造就许多成功者，也就大大地有利于社会的和谐稳定。

世界上到处都有给那些爱人者、助人者建立的纪念碑，如果这纪念碑不是用大理石或古铜建成的，那么就是建立在他人的心中，尤其是受助者和感动者的心中。如此说来，善良能给予人们莫大的收获。

播种善心

那年，她刚当高三班主任不久，班里发生了一件不愉快的事情，一个学生价值近千元的快译通在教室里丢了。一切迹象表明，偷东西的人就是本班学生。她当时非常自责，觉得这是自己对学生品行教育的失败。

那天放学前，她像往常一样站在学生们面前。学生们似乎都很紧张，一双双眼睛复杂地看着她，他们在等待她"破案"。

于是，她说："大家都知道了，我们班里发生了一件不该发生的事情，有个同学错拿了别人的东西，我知道他不是故意的，他很后悔。我很了解他，我知道他一定会把这件东西还给同学的。我相信他，我敢用自己的生命打赌，他一定会这样做的！是的，我打赌，从现在开始我不吃饭，等拿错的东西还回去后我再吃饭。好了，现在放学吧。"

学生们都背着书包回家了，没有一个人留下来。

第二天，没有人把东西送回来，她也没有吃饭，可是她依旧打起精神去上课。

第三天，还是没有人把东西送回来。她喝了一杯水，忍着饥饿冒着虚汗坚持上完了一堂课。学生们都在静静地看着她，目光中充满关心。她知道，这些眼光中一定有一个是愧疚的，她要给他时间。

晚上放学之前，她在自己的办公桌上，看到了那个失踪的快译通、一块三明治和一封信。信上写道："老师，谢谢您的信任，我一定会改正错误的。"下面没有署名，她没有再追查这个学生是谁。但她坚信，他再不会这样做了。

后来有人问她："为什么要用这种自虐的方法来处理问题，如果那个学生真的不交出快译通，你岂不是要饿死？"

她说："如果进行搜查，胆大的不承认又没证据；胆小的承认了，成了小偷，从此他会永远抬不起头来，而且眼看就要高考了，他的这辈子不就毁了？"所以，她就用"绝食"、用信任来呼唤、催促那个学生"悄悄"改正错误。事实证明，她获得了成功。

伟大的教育家苏霍姆林斯基说："对人的热情，对人的信任，形象点说，是爱抚、温存、是翅膀赖以飞翔的空气。"信任是爱的基础，是构建人们之间关系的桥梁，也是温暖心灵的阳光。无论何时，都要对身边的人给以信任，这是我们获取友谊、拯救迷途心灵的最佳选择。

善良的力量有多大？看吧，不用审问，不用说谎，甚至不用猜疑，学生自动地拿出了偷走的东西。这就是善良的力量。

几乎所有的孩子都犯过错，而家长或者老师对待犯错误的孩子通常都以严厉惩罚为主。有些较为严格的家长甚至会以罚跪等方式来惩罚孩子，这样的方式或多或少都会给孩子造成影响，在他以后的学习生活中留下阴影。

　　小时候经历的事情总是会在我们日渐长大之后产生莫大的影响力，心理阴影，胆小懦弱……正如故事中的老师所说"胆小的承认了，成了小偷，从此他会永远抬不起头来"，就为了这个"会抬不起头的小偷"，老师拿自己的生命去做赌注，因为她知道，对一个孩子来说，她这样的举动是帮他回归正途的最佳方式。

　　这是善良的方式，是不伤害孩子自尊心又能让他明白自己错了的方式，这样解决问题之后，孩子不会留下心理阴影，在他今后的生活中，他都会记得这个为他"饿肚子"的老师，并由此做一个好孩子。

善恶只在一念间

　　这是一个真实的故事：

　　一个人陷入了生活的困境，他找不到出路，整天浑浑噩噩。后来有一天，陷入死结的他决定去抢银行。

　　结果，他被警察发现了。在银行门前，他被警察包围了。周围都是警察，他已经无路可逃。这时候，逃生的本性使得他顾不得什么道德良心，顺手就拉了一个人过来做人质。他用枪挟持着人质向外突围，面目狰狞可怕。此时的他，已经失去了理智，只想赶快逃跑。可就在这时，突然，他手里的人质大声地呻吟起来，最后竟然变成了痛苦的呐喊。原来，人质是一个孕妇，在极度的恐慌之下，她马上就要分娩了。眼看鲜血已经染红了孕妇的衣服，她的情况十分危急。

　　这时候，劫犯内心矛盾了，看着流血不止的孕妇，他的疯狂暂时冷却，变得有些冷静，他陷入了矛盾中。一边是漫长无期的牢狱之灾，一边是一个即将出世的生命，劫犯此时心中展开了一场良心、道德与金钱、罪恶的较量。终于，他将枪扔在地上，举起了双手。警察一拥而上，围观者竟然情不自禁地鼓起了掌。

众人要送孕妇去医院，已戴上手铐的劫犯忽然说："请等一等好吗？我是医生！孕妇已无法坚持到医院，随时会有生命危险，请相信我！"警察经过考虑打开了劫犯的手铐。一声洪亮的啼哭声不但象征着一个新生命的诞生，同时也象征着一个罪恶灵魂的苏醒。劫犯的脸上挂着职业的满足和微笑。

每个人的心底都会有一份善念，哪怕这份善良已经尘封多年。生活中，我们要学会恪守心中的善念，时刻站在道德的正面，不管现状多么糟糕，处境多么窘迫，都应该牢记心中的善，行善事而不堕落，不投入恶的怀抱。

善良是世界上最可爱的东西。如果一个人没有善良的美德，那么他的聪明、勇敢、坚强等品质对社会来说将构成一种危险。只因你善良的回眸，可能就会使一颗在寒冬中挣扎的心享受到春的明媚。善良就如天使的翅膀，可以带来绚烂和美丽。所以不要吝啬你的善良，心中常怀善念，你的人生就会因此而变得更有价值。

我们说"人性本善"，是说在人性深处，众人皆是善良的，只不过有时候没有表现出来。在如今物欲横流的社会中，很多人由于生活压力，内心深处的善良有时候会体现不出来，或者暂时被隐藏了起来。但在最关键的时刻，在生死攸关或者最感动、最温情的时刻，每个人内心的那种柔软的善良就会显露出来，重又变成善良纯洁的人。就如佛家有言"一念成魔，一念成佛"，善恶常在一念之间。一切恶念、恶言、恶行，对于自己和他人都是地狱；一切善念、善言、善举对于自己和他人都是天堂。如果人人都能弃恶从善，即使地狱也能成为天堂。因此，每个人都要静坐常思己过，经常检点审视自己的内心，摒除心中的恶念，放弃伤人的恶言、恶行，让自己的心灵纯净，才会得到内心真正的平静和安宁。

帮助别人即是帮助自己

杰瑞特别喜欢帮助别人，甚至对陌生人也是如此，即使吃过几次亏仍不后悔。有一次，他的朋友追问其缘由，他说缘于自己一生中最重要的一个决定。

那是一个晚上，他忙完工作独自驾车回乡下看望母亲，接近家门时忽然发现路旁有一辆摔倒的摩托车，一个人躺在路边，看上去好像是出了车祸。

犹豫着停车与不停车之间，车已开出了好远。"算了吧，这年头管闲事说不定会添大麻烦。"类似的事件给救人者无尽烦恼的报道他读过很多，一旦沾上又没证人，那真的是说不清楚了。"也许他只是喝醉了酒！也许别人会帮忙吧……"这样宽慰着自己，他继续朝家里开去。

已经看到家了，他的手机骤然响起，是母亲打来的，其实没有什么事，只是叮嘱他开车时一定要慢点，注意安全。他的父亲死得早，是母亲含辛茹苦把他和哥哥抚养大的，所以兄弟俩极其孝顺。

往常听到母亲的声音，他脑海里会立刻浮现瘦弱的母亲无数次站在村口盼望他的情景。可今天，他脑海里突然出现那个躺在路边的人，心想：那人是否也有老母亲正在担心，正在盼儿子回家呢？

这个念头一出现，顿时像一片阴云紧紧地罩住了杰瑞的心。虽然望见了村子，眼看就要见到母亲，他却掉转车头向回驶去。"帮那个人一下吧，就算是为了自己更坦然地面对母亲！"他想。

把那个人送到医院时，医生说：如果再晚来一会儿，性命就保不住了。讲到这里，他突然泪流满面。他一字一句地说："你猜我救的是谁？是我的哥哥，是为我上学、跳出'龙门'做出很大牺牲的哥哥。当天知道我要回家，他没有和母亲说，便借了辆摩托车从镇里往回赶，想与我这个弟弟见见面。"

他停顿了片刻又说："我一直为当时的决定而庆幸，并且不止一次地想，如果那晚我没掉头回去，结果会怎么样。我的这个决定不仅救了哥哥，也救了自己，还有我母亲今天的幸福。我有什么理由不感谢所有的人，不去帮助所有需要我帮助的人呢？"

帮助他人的同时，你就是在帮助你自己！每个人都会遇到困境，需要别人的帮助。你帮助了别人，别人就会因你的帮助而去帮助其他人，这样不断地传播下去，终有一天，当你需要帮助的时候，就会有人来帮助你。把陌生人当成亲人一样去帮助、关爱，那么周围的所有人就都是自己的亲人，世界就成了一个大家庭，每个人都是大家庭中的一员。这才是真正的大善的境界。

善良是会传染的，它会随着一个人的坚持而变成大家的坚持，进而成为整个社会的行事准则。随时准备着去帮助别人，久而久之，善良在不同人之间传递，势必会成燎原之势，造就一个更美好的世界。

帮助他人也是在帮助自己，不要以为你的帮助对于你来说只是付出，而无回报。要知道，回报或许不会在此刻就出现，但当我们遇到困难、需要帮助时，这个回报就会出现，就像报答我们上次的付出一样。

每个人在遇到困难时都希望有善良的人能够伸出援手，那么，我们就应该从自我做起，时时准备着自己这双援救的手，在别人需要帮助时果断地出手，施以帮助。请记住：只要你肯播撒一颗善心的种子，收获的必将是一整片爱的森林。

善良带来快乐

一天，某个村庄来了一位智者，人们纷纷向他请教自己最困惑的问题。一位少年，总感觉自己有很多问题无法释怀，于是也去拜访年长的智者，少年问："我怎样才能变成一个自己愉快，也能带给别人快乐的人呢？"

　　智者笑着说："孩子，在你这个年龄有这样的愿望，已经很难得了。很多比你年长的人，从他们问的问题本身就可以看出，不管怎样跟他们解释，都不可能让他们明白真正重要的道理。我送给你四句话，第一句是，把自己当成别人。"

　　少年想了一下问："是不是说，感到痛苦忧伤的时候，就把自己当成别人，这样痛苦自然就减轻了；欣喜若狂的时候，把自己当成别人，那些心情也会变得平和一些？"

　　智者微微点头，接着说："第二句话是，把别人当成自己。"

　　少年沉思了一会儿，说："这样就可以真正同情别人的不幸，理解别人的需求，而且在别人需要帮助的时候给予适当的帮助，是吗？"

　　智者表示认同，继续说道："第三句话是，把别人当成别人。"

　　少年思索着："要充分尊重每个人的独立性，在任何情形下都不能侵犯他人的隐私，对吗？"

　　智者哈哈大笑："很好！第四句话是，把自己当成自己。"

　　少年说："这句话的含义，我一时体会不出，而且这四句话之间有许多微妙之处，我怎样才能把它们体会明白呢？"

　　智者说："很简单，用一生的时间和经历。"

　　少年沉默了很久，然后道谢告别。

　　后来少年变成了中年人，又变成了老年人，在他离开这个世界很久以后，人们还时时提到他的名字，人人都说他是一位智者，因为他是一个愉快的人，他的热情也给每一个遇到他的人带来了快乐。

　　如果女孩也能够像上面故事中的少年一样，将别人视为自己来看待，那么帮助别人也就是帮助自己，自己就不会这样不情愿、不开心了。这就是快乐与行善之间的关系，明白了这一点，你就会明白那些甘于奉献的人为什么总是面带微笑，为什么都是快乐地投身到自己的善行中去，因为他们从自己的善行中感受到了无尽的快乐与幸福，获得了心灵的满足。

常常会想到感恩

是否有的时候，你会抱怨别人对你不公平，认为生活对你不公平？比如你会说，为什么自己要等很长时间才可以拿到饭菜，别的人就没有等这么长时间？

在生活中还有很多孩子对自己的生存现状不珍惜，比如别人上学车接车送，自己却要去挤公共汽车；别人可以全家人都开开心心地生活在一起，而自己的爸爸妈妈却因整天忙于工作而难得见上一面；别人生活在城市，自己却生活在农村……

其实，我们完全没有必要为这些事情感到难过。曾经有一位哲人说过，只要活着就值得感谢。如果我们把生活中遇到的各种磨难和挫折都当作一份小礼物，那么我们的生活会减少多少不必要的烦恼啊。

人生如花开花谢，潮起潮落，有得便有失，有苦也有乐。

有一次，美国前总统罗斯福家里遭窃，被偷去了许多东西。一位朋友闻讯后，忙写信给罗斯福，安慰他不必太在意。

罗斯福给朋友的回信是这样的：

亲爱的朋友，谢谢你来信安慰我，我现在很平安。感谢上帝，因为：第一，贼偷去是我的东西，而没有伤害我的生命；第二，贼只偷去我部分东西，而不是全部；第三，最值得庆幸的是，做贼的是他，而不是我。

对任何一个人来说，遭到盗窃绝对是件不幸的事，但是，罗斯福并不怨恨盗窃的贼。相反地，他还能找出感谢上帝的3个理由。这种感恩他人、感恩生活的习惯让罗斯福在遭遇不幸的时候仍能够保持平和的心态。

感恩是一种快乐生活的哲学。英国作家萨克雷说：生活就像一面镜子，你笑，它也笑；你哭，它也哭。你感谢生活，生活将赐予你灿烂的阳光；你不感谢，只知一味地怨天尤人，最终可能一无所有！

一个人如果习惯于感谢他人，他将得到他人的信任和喜欢。一个人如果习惯于感谢生活，他将得到生活的眷顾和宠爱。

在贫困山区有一个女孩，她以出色的成绩考上了重点大学，不幸的是父亲在她进校不久遭遇车祸身亡，家中无力供她上学，在她准备退学回家时，社会给了她关怀，老师和同学也慷慨捐款捐物。

大家的赠物，她舍不得使用，藏在箱子里。每天打开箱子看看这些赠物，就想到自己周围有那么多的关怀、爱心，心中不由产生出一种感激之情。这种感激之情又驱使她去战胜困难，顽强拼搏。

这个在物质上贫困的女孩，在精神上却是很富有的。她心怀感恩，终于读完了大学，还以优异的成绩留学美国。后来她说："大家给我的一切，是我的精神财富，永远留在我的心里。我要努力学好本领，回报祖国，回报父老乡亲。"

人若有了感恩之情，就像这位女孩一样，生命就会时时得到滋润，并闪烁纯净的光芒。

感恩可以将他人的关爱化成我们成长的动力。每个女孩都应该明白，生命的整体是相互依存的。无论是父母的养育、师长的教诲，还是配偶的关爱、朋友的帮助、他人的服务、大自然的慷慨赐予……人自从有了自己的生命，便沉浸在恩惠的海洋里。一个人真正明白了这个道理，就会感恩大自然的福佑，感恩父母的养育，感恩社会的安定，感恩食之香甜，感恩衣之温暖，感恩花草鱼虫，感恩苦难、逆境，就连自己的敌人，也不忘感恩。

提起霍金，人们就会想到这位科学大师那永远深邃的目光和宁静的笑容。世人推崇霍金，不仅仅因为他是智慧的英雄，更因为他还是一位人生的斗士，他的精神让世人敬佩不已。

有一次，在学术报告结束之际，一位年轻的女记者捷足跃上讲坛，面对这位已在轮椅上生活了30余年的科学巨匠，深深敬仰之余，她又不无悲悯地问："霍金先生，卢枷雷病已将你永远固定在轮椅上，你不认为命运让你失去太多了吗？"

这个问题问得显然有些突兀和尖锐，报告厅内顿时鸦雀无声，一片静谧。

霍金的脸庞依然充满恬静的微笑，他用还能活动的手指，艰难地叩击键盘。于是，随着合成器发出的声音，宽大的投影屏上缓慢而醒目地显示出如下一段文字：

我的手指还能活动，我的大脑还能思维，

我有终生追求的理想，有我爱和爱我的亲人和朋友，

对了，我还有一颗感恩的心……

所以，女孩想得到生活的眷顾吗？你想做生活的主人吗？那么，就开始学会真诚地感谢生活吧！感激自己所得到的一切，以平常心看待生活中的每一件事情，尤其是在遇到困难、遭到不幸的时候，仍然要感谢生活。

打磨一颗钻石般的怜悯心

其实做任何好事，都不是为了自己出风头，也不是为了表现自己有多么的善良。我们只求尽力，只求安心，心里就会感到很愉快，生活起来也更加有动力。

我们做好事的时候，是否只是纯粹地想帮助别人呢？这些实际上是需要用心体会的。

一座城市来了一个马戏团。有5个孩子穿着漂亮的衣服，牵着父母的手排在队伍中等候买票。他们不停地谈论着即将上演的节目，一个个兴高采烈，好像已经看到了台上的表演似的。

终于轮到他们了，售票员问要多少张票，父亲小心地回答："请给我5张小孩的和2张大人的。"

售票员说出了价格。

母亲的心颤了一下，转过头把脸垂了下来。父亲咬了咬唇，又问："你刚才说的是多少钱？"

售票员又报了一次价。

父亲眼里透着痛苦，他实在不忍心告诉他身旁兴致勃勃的孩子们：我们的钱不够！

一位排队买票的男士目睹了这一切。他悄悄地把手伸进口袋，把一张20元的钞票拉出来，让它掉在地上。然后，他蹲下去，捡起钞票，拍拍那个父亲的肩膀说："对不起，先生，你掉了钱。"

父亲回过头，他明白了原因。他眼眶一热，紧紧地握住男士的手，感谢这位男士在自己心碎、困窘的时刻帮了忙："谢谢，先生。这对我和我的家庭意义重大。"

所谓关爱，就是在别人最困难的时候挺身而出，为他们提供帮助，而且在提供帮助的时候，不伤害他人的尊严。对于故事中的父亲来说，就是不让他在孩子们面前失掉"伟大父亲"的光环。

没有人喜欢被施舍，中国古代就有"不食嗟来之食"的名言，其实现代人也不例外，也许你的同学中就有家境贫困的人，他需要你的呵护尊严的帮助，如果你以一种居高临下的态度送给他玩具或者请他吃麦当劳，他的心灵一定会受到伤害。所以，希望你能够小心翼翼地避免这种行为。

诗人埃米利·狄金森提醒我们，同情之心增加了我们生命的意义。他在诗中曾这样吟咏：

如果我能让一颗心免于破碎

我就没有白活

如果我能为一个痛苦的生命带去抚慰

减轻他的伤痛和烦恼

或让一只弱小的知更鸟

回到自己的鸟巢

我就没有白活

　　也许女孩们今天生活在宽敞明亮的教室里，吃着可口的饭菜，穿着光鲜美丽的衣服，所以觉得苦难离我们很遥远，但是事实真的如此吗？"天有不测风云"，没有人能预测到明天会有什么样的事，如果今天我们不去同情和帮助别人，那么明天当我们处在困难甚至是苦难之中的时候，谁来帮我们呢？

第十四章

勤俭节约——让女孩的人生富足无忧

节约便士，英镑自来

英国女王伊丽莎白二世比很多石油富豪和巨贾都更为富有，据说，她的财产价值不下 25 亿英镑。虽然如此富有，女王仍然十分注意节约。有句英国谚语常挂在女王的嘴边："节约便士，英镑自来。"

在白金汉宫，不仅照明，而且供暖也是保持在最低限度，女王还用小电炉来暖和宽敞的大厅。应邀到郊外农村的皇家住宅去做客的人，被告知需带毛衣，因为那里"暖气并非全天 24 小时都供"，而且还请应邀者自带酒去，因为"我们并不是大酒鬼"。

皇宫里相当部分的家具已经"老掉了牙"，几乎要散架了。自维多利亚女王时代以来，皇宫里的家具从未更新过。当参观皇宫者看到经过修补的沙发和地毯、已经很不像样的挂毯、满是灰尘的书房时，无不为之惊叹。

女王坚持只用上面印有查尔斯王子纹章的特制牙膏，因为这种牙膏可以挤到一点也不剩下。女王如果看见掉在地上的一根绳子或带子，也要捡起来塞进口袋里，可能在什么时候这些东西会有用场。女王很喜欢马，但在马厩里，马不是睡在干草上，而是睡在旧报纸上，因为干草太贵。

女王自己以身作则，同时要求其家人也要按节约精神办事。就是她的丈夫菲利普，钱包也是扣得紧紧的。看到饭馆里酒价飞涨，到了圣诞节，她请宫廷人员在一家豪华旅馆里吃饭时，她便自己准备了一些酒带去。

"节约便士，英镑自来"，节俭的精神在英国象征最高权力和财富的皇家代代相传。不管富有的还是贫穷的，都应当养成节约的习惯。节俭并不等同于吝啬，而是一种良好的美德，它能帮助我们积累财富。虽然我们赚钱的能力还十分有限，但如果我们能从小培养勤俭节约的习惯，将那些不必要的花费节省下来，久而久之，也能积少成多，汇聚财富，为将来的发展奠定一个良好的经济基础。

萨迪曾说："谁在平日节衣缩食，在穷困时就容易渡过难关；谁在富足时豪华奢侈，在穷困时就会死于饥寒。"节约的人，其实是最懂得生存之道的人，他们明白点滴成就大海的道理，实际上，他们是最具有智慧的人。

"如果他有一定的才华和头脑，"菲利普·阿莫说，"一个节俭、诚实和有经济头脑的年轻人根本不会走投无路，相反他会拥有很多财富。"当被问到什么品质使他成功的时候，阿莫说："我个人的看法，节俭是关键原因。我从妈妈的教育中获益匪浅，我继承了苏格兰先辈们的优秀传统。他们都很节俭。"

罗素·塞奇说："每一个年轻人都必须明白，除非他养成节俭的习惯，否则根本不能积聚财富。在开始的时候，即使节约几分钱也强过不做任何储蓄；随着时间的推移，他将会发现拿出一部分作为积蓄不是很困难的事，做起来易如反掌。那些能够这样做并且持之以恒的人将会有一个完美的人生。有的人总是悲叹自己没有富裕起来，那是因为他花掉了全部积蓄。"

俗话说："九层之台，起于垒土"、"千里之行，始于足下"。梦想一夜暴富的人，往往忽略了自身的奋斗，这样的人心比天高，却不付诸行动，财富永远得不到。如果你也想成为亿万富翁，请千万牢记，没有谁是一夜暴富的，只有踏踏实实、认认真真做事的人，才会变得富有。

泰山不拒细壤所以成名山，江海得汇小流所以成江海，人也同样要有这种精神。只有懂得节俭才能创造更多的财富，女孩们要想取得成功，不妨从培养自己节俭的习惯入手，从小事做起，从自我做起，为将来的成功奠定坚实的基础。

用实践来奉行勤俭的理念

晏子是春秋时期齐国著名的政治家，虽然他当宰相多年，但生活一直十分节俭。平常只是穿一件有几个补丁的旧袍子，补丁的颜色与袍子的颜色也极不协调，看上去十分刺眼。

有人问他：“您身为宰相，衣服这么破了，为什么不换一件新的呢？”晏子笑着回答说：“衣服是为了挡风御寒的，何必穿得那么豪华呢，这件袍子虽然旧了点，可穿在身上一点也不觉得冷，何必要扔掉它呢？那不是很可惜吗？”

晏子不但品德高尚，还特别善于治理国家，因此齐景公极为尊重他。晏子住的房屋也十分简陋，齐景公知道后，就想给他建一座新的，于是他便将这个想法告诉了晏子。

晏子急忙回答说：“大王，多谢您对臣子的关心，可是我的祖辈一直在此居住，跟他们相比，我很平庸，没有理由去住豪华的房子。再说我家附近就是市场，买起东西来也比较方便。我在这里居住感到十分惬意。”

齐景公一听，顿时对这位节俭质朴的臣子肃然起敬。没过多久，齐景公就趁晏子出使晋国的机会，派人将他的那座破旧房屋修建一新。为了改善房子四周的环境，官吏们还强令周围的平民统统搬往别处。晏子从晋国回来，发现自己的旧房子不见了，四周的居民也不见了，他马上明白了其中的原委。

于是他赶紧到宫中去拜见齐景公，并再次陈述自己的想法。紧接着，他便吩咐手下将新房拆掉，恢复原来的模样。同时，他还派人请原先的邻居搬回原来的住处，并挨家挨户地亲自去道歉。

回到家之后，晏子再三嘱咐家人："我活着要和这些平民百姓住在一起，跟他们一起生活，死了之后，也要跟他们为伴。"晏子去世后，家人按照他的愿望，将他安葬在自家那简陋的院子里。

我们都知道勤俭节约的重要性，也往往会在嘴上说要勤俭，但节俭往往会涉及自己的利益，好像是对自己的苛刻，所以也就成了"纸上谈俭"，空有口头标榜而无实质性行动。因此，每一个女孩都应该克服这种思想，用切切实实的行动来奉行节俭的理念，成为一个勤俭节约的、受人尊敬的人。

在奢靡之风渐盛的今天，节俭已不再被一些人视为美德，在那些富而骄、贵而奢的人眼里，家境清贫者节俭，被讥笑为"穷酸"；家境富有者节俭，被讥笑为"守财奴"。"古人以俭为美德，今人乃以俭相诟病。嘻，异哉！"世风如此，令人不禁想起司马光之叹。

有人说，我们现在的生活水平已经大大提高了，不用再节俭了。随着社会的发展和时代的进步，人们的生活水平在不断提高，消费观念也在不断改变。在物质产品日益丰富的今天，"食无求饱，居无求安"的传统观念已逐步退出历史舞台，消费至上、享受第一的思想观念渐渐粉墨登场。但是我们更应该看到，汹涌而至的消费浪潮使人们的视线都集中到只知享乐上，因此不劳而获的事情就不断地发生。人一旦沉迷于这种生活方式，就会愈加贪婪，攀比、从众、追时髦、喜新厌旧等毛病就会随之而来，谓之穷奢极欲，而这就是一切罪恶的因缘。而节俭却可以让我们如出淤泥而不染的荷花，谓之俭以养德，让我们在物欲横流的社会中保持一颗纯净的心。奢华虽然带给人繁荣、热闹，但是这种繁荣的背后却是一种难言的荒凉；而节俭却能让人平静、豁达，给人的是一种人格的魅力。

这里给女孩们介绍一种既能拯救自己又能节约的方法，那就是经常给自己的收支记账，按月份和类别，简单记录每天的开支情况，合理分配生活费用；将生活费用按所需分成若干部分，一部分做课外学习辅导，一部分做后备资金。这样，一个有秩序、有条理的人能事先知道他需要什么，之后就会用必要的手段来获得它，他的预算就会平衡，他的花销也可以保持在收入线以内。养成记账的习惯，很显然可以知道自己把钱花在了什么地方，该花的还是不该花的都一清二楚，而且慢慢地也就养成了该花的花、该省的省的好习惯。另外，女孩们也可以开一个个人储蓄账户，采用跟银行约定的零存整取的方式，每月定期从生活费中拿出几十元存入银行，或者将每个月用剩的钱全部存入银行，这种零存整取的方式对学生存钱有一定的约束力，也有利于养成节俭的好习惯。

节俭的人生更从容

曾经有一个非常有才的年轻人，他挣了很多钱，对未来充满信心，但在花钱时总是大手大脚，不懂得节俭，他以为凭借着自己的能力，自己和家人一定能时时过上富裕而幸福的生活。

可是突然有一天，他年轻的妻子得了重病，为了保住妻子的生命，他只能接受医院的建议，从国外聘请了一位非常有名、收费也很高的专家来为妻子做手术。这位医生开出的手术费和医疗费非常高，而且一定要求在手术之前交齐费用。因为平时只想着享受生活，年轻人根本就没有什么积蓄，于是他只好去借钱，好不容易才凑足手术费。后来，妻子的命终于保住了，但之后妻子的疗养费和孩子们的花费却让这位年轻人犯了愁，他终日饱受焦虑的折磨，终于积劳成疾。最终，他的事业受挫，全家穷困潦倒，没有钱渡过难关。

其实，在妻子患病之前，这个年轻人如果能稍微节俭一点，一年可以存上几万元钱，但他当时认为挣钱是一件容易的事情，节俭是没有必要的。殊不知，尽管每天节俭下来的财富是很有限的，但时间久了，这点滴的财富也会变成一笔不小的财产。

我们谁都不是先知，永远不可能预见什么时候会生病或发生变故，弄得我们无依无靠，或者某个突发事件突然会搞得我们措手不及。如果我们不作长远打算，很容易使自己在未来生活中遭受各种各样的磨难。一旦遇到紧急情况，银行里却没有一分钱，这该是一种怎样的窘迫啊！

钱到用时方恨少，这样的哀叹是普通人常常发出的，与那些深谋远虑，能够为了应付紧急情况和疾病或安享晚年而储蓄的人相比，那些今朝有酒今朝醉的人的生活是完全不同的。俗话说"省下烟酒钱，急难免求人"。生活中总会有意想不到的事情出现，只有平时节俭有所储备的人，才能在意外来临时从容应对。

每天节俭一点点，就能集腋成裘换来危难时刻的那一桶金。每天节约一点点，就会有无尽的惊喜等着你。

谁在平日节衣缩食，在穷困时就容易渡过难关；相反，谁要是在富足时极尽奢侈，那么在穷困的时候就容易死于饥寒。生活中，节俭的作用是不可忽视的，它的意义远不止于积累财富这么简单，它还能未雨绸缪，为自己和家人的将来提供一份物质上的保障。如果一个人在创造财富的同时能时刻保持节俭，时间长了也能积累出一笔不菲的钱财，这样到急需用钱时才不会手足无措。

节俭是穷人的财富，富人的智慧

有这样一家贸易公司，主营业务是小商品批发，尽管表面上生意兴隆，但年终结算时总是要么小亏，要么小赢，年复一年地空忙碌。几年下来，不但公司规模没有扩大，资金也开始紧张起来。眼看竞争对手的生意蒸蒸日上，分店一家一家地开张，公司老板张某决定向对方求教取经。

待对方把一笔笔生意报出后，这个老板更纳闷了：两家交易总量并没有太大的差距，为什么收益却差这么大呢？看着目瞪口呆的张某，对方道出了其中的原委。

　　原来，在公司员工的共同努力下，这家公司对商品流通的每一个环节都实行了严格的成本控制。比如：联合其他公司一起运输货物，将剩余的运力转化为公司的额外收益，几年下来，托运费就赚了将近60万元；采购人员采购货物时严格以市场需求为标准，使存货率降至同行最低，每年大约节约货物贮存费5万元，累积下来将近20万元；与供应商签订包装回收合同，对于可以重复利用的包装用品，待积攒到一定数量后利用公司进货的车辆运回厂家，厂家以一定的价格回收再用，这项收入大约为每年2万元；为出差人员制定严格的报销标准与报销制度，尽管标准比别家略低，但公司规定可以在票据不全的情况下按标准全额支付差旅费，该项措施每年为公司节约大约5万元。

　　严格的成本控制不但为公司节约了可观的资金，也培养了公司员工的成本意识，倡导节约、反对浪费已经蔚然成风。

　　在市场以及职业竞争日益激烈的今天，节约已不仅仅是一种美德，更是一种成功的资本。商业经营的终极目标就是要赚取利润，节省在某种程度上就是收入。而且，省下来的一分钱大于所赚的一分钱。因为节省下来的每一分钱，都是地地道道的纯利润。那么，能够为企业节约开支的员工，就是在为企业创造利润。

　　人们都知道，犹太人的理财手法是很高明的，同时，世界上还流行着这样一种说法："犹太人是'吝啬鬼'。"这一说法虽然带有偏执的色彩，但也不是毫无根据的。在商业活动中，不少人都会发现，不管是富有的犹太商人还是处于创业初期的犹太商人无不是精打细算的，即使是少量的金钱和物品，也没有人会随意丢弃。

　　实际上，身为商人，如果不懂得节俭和爱惜金钱，那又怎么会盈利呢？即使不是经商，在生活中，几乎所有犹太人都奉行着这样的理财观念：把钱花在需要的地方，在不该用的地方，即使是1美元也不要浪费；在宴请宾客时，以吃饱、吃好为尚，不会讲排场、乱开支；在生活中，以积蓄钱财为尚，不会用光、吃光。正是凭借着这样的理财观念，犹太人积累了不少财富，有本钱之后他们便开始经商，经商时仍始终奉行着爱惜钱财的宗旨，勤俭节约，最终积累出了可观的财富。有些犹太人还进行过这样的测算：依照世界的标准利率来算，如果一个人每天节省 1 美元，88 年后可以得到 100 万美元。这 88 年时间虽然长了一点，但每天节省 2 美元，大都在实行了 10 年、20 年后就能够很容易达到 100 万美元。

这就是犹太人的理财智慧之一，也是一些犹太人经营致富的重要秘诀，他们在努力创造新的财富的同时，也总是想办法守护自己的既有财产，在爱钱的同时也惜钱。犹太富商亚凯德就曾经说过："犹太人普遍遵守的发财原则，就是不要让自己的支出超过自己的收入。如果支出超过收入便是不正常的现象，更谈不上发财致富了。"

其实不仅是在经商时需要爱惜钱财，我们在生活中也同样是如此。试想，一个总是大手大脚、不懂得爱惜钱财的人又怎么能积累出财富呢？所以从这点上来说，犹太人对待金钱的态度是很值得我们学习的。

控制开支，给自己准备一个记账本

这里给女孩们介绍一种控制自己开支的方法，那就是经常给自己的收支记账。这样，一个有秩序、有条理的人能事先知道他需要什么，之后就会用必要的手段来获得它。他的预算就会平衡，他的花销也可以保持在收入线以内。约翰·韦斯利就经常这样做。尽管他收入不高，但他总是留心自己的财务状况。在去世前一年，他用颤抖的手在花销簿上写道："86 年过去了，我一直准确记账。现在我不想再做下去了。因为我一直尽自己全力来节俭地花所挣来的钱——也就是说，在想尽各种方法来节俭。"

我们很难确切地给节俭定一个范围。培根说，如果一个人想在收入允许的范围内生活得很好，他就不应该使花销超过收入的一半，应该把剩余的钱省下来。这也许太苛刻了，连培根本人都没法做到。但攒得多一些无论如何也比花得太多好。一个人也许能很容易地改掉第一个毛病，但要改掉第二个就不那么容易了。对一个人来说，节省的钱越多越好。

下面通过一项调查发现：

1. 半数以上学生"钱不够花"

在学期末或者月末出现"经济危机"的，多数发生在大一新生身上。由于害怕孩子吃亏，一到大学，家长往往将"财政大权"移交到孩子手中，但结果往往适得其反。

其实一进大学就做起了"月光族"的学生并不在少数。新朋友请客、聚餐、上网聊天、周末外出游玩，频繁课外活动也让新生们无所适从，再加上校内名目繁多的社团组织，颇具吸引力的辅修、选修课，新生们的钱包当然入不敷出。

不少大三、大四的学生同样面临着压力。有一个大四学生告诉记者，他平时只是和同学出去玩玩，上上网吧，但钱往往就不知不觉地没了，也不知道用到哪里去了。

2. 不是不够花，而是不会花钱

针对目前与日俱增的高校"月光族"、"负翁"，某银行理财师朱先生认为："其实不是钱不够花，而是不会花钱、不懂得将自己的钱合理分配。"他说，大学生往往不知道如何规划自己的消费，总认为父母会为自己安排好一切，自己没必要学会理财，这种现象在大一新生中尤为突出；另外，大学生多缺乏主见，看到心动的物品，就有购买的冲动，等到结账时才发现这个月的钱已经所剩不多。"朱先生认为，缺乏计划地盲目消费是导致大学生成为"月光族"、"负翁"的最直接的原因。

从小开始理财

女孩们，你会管理自己口袋里的钱吗？据一项调查显示，上海92.8%的青少年存在乱消费、高消费的现象，具体表现为花钱大手大脚、盲目攀比，消费呈成人化趋势；93%的学生缺乏现代城市生活经常触及的基本经济、金融常识，甚至不清楚银行信用卡的服务功能，不知道银行存款的利率等。类似问题在其他城市也比较突出。这反映出青少年的理财观念尚未形成、理财能力不强等诸多问题。

一位专家说："理财应从 3 岁开始。"理财并非生财，它是指善用钱财，使个人的财务状况处于最佳状态，从而提高生活品质。

生活中，女孩在理财方面最容易犯的错误是：

1. 如果手中有几百元，她们就觉得富裕了。

2. 储蓄对她们来讲并不重要。

3. 花掉的要比储蓄的多。

4. 只能节省一点点购买小件商品的钱。

5. 认为钱的能量并不很大，而且没有多少潜力可挖。

6. 花钱从来不作计划。

7. 不能正确地使用活期存款账户。

8. 不恰当地使用信用卡。

9. 从不了解钱的时效价值。

10. 现在享用，以后付钱。大多数女孩对钱的认识不够，没有忧患意识，眼前只有享受，认为以后会由父母把钱送到自己手上。

11. 没把钱当回事。她们总以为家长有的是钱，每天都能有大数目的零花钱，所以买东西从不考虑价格。

12. 买东西时，把身上的钱花个精光。

13. 向广告看齐。许多初高中生的早餐，不是"好吃看得见"的方便面，就是"口服心服"的八宝粥，他们不论是吃的还是用的都向广告看齐。

14. 向大人看齐。看见大人们经常泡桑拿，吃麦当劳，他们感到一种气派，不仅有羡慕之心，也学着去进行高消费。

15. 向明星看齐。据一家美容店老板介绍，她曾遇到不少崇拜明星的中学生来美容修发，说要做和明星一样的发型。

16. 许多初高中学生在钱花掉之前，已经有过数次的购买欲望。

17. 买了许多东西，但很少有令她们长期满意的。

18. 滥用别人的钱。

19. 只在花钱时她们才有一种满足感。

美国石油大亨洛克菲勒给儿子写的一封信中有这样几句话：

"有一点你要记住，财富不是指人能赚多少钱，而是你赚的钱能够让你过得有多好。

"不懂得控制开销的重要性，就必须付出很大的代价。

"控制开销不能让你一夜之间或一年之内致富，但它所构建的是你未来的财富。"

在美国，很多孩子借助于父母的指导，是这样实现他们的理财目标的：

3 岁时，辨认硬币和纸币的区别；

4 岁时，知道每枚硬币是多少美分，能够买到多少东西；

5 岁时，知道基本硬币的等价物，了解钱是怎么来的；

6 岁时，他们就能够找到数目不大的钱，能够数大量的硬币；

7 岁时，懂得看价格标签；

8 岁时，知道要赚钱必须通过工作，还可以把钱存在银行里；

9 岁时，制订简单的一周开销计划；

10 岁时，知道每周节约一点钱，以备大笔开销使用；

11 岁时，知道购物时比较价格；

12 岁时，懂得使用银行业务中的术语并学习计划两周的开销。

理财要做到心中有数，要学会记账，明白家庭里的开销和支出情况，规划自己的理财目标、计划等。IBM 前董事长沃森的儿子从上初中起就做每周的零花钱支出计划、每月的收支目标，很小就树立了商业意识，最后也成了 IBM 公司的首席执行官，良好的理财习惯创造了其灿烂的一生。

相比之下，不少女孩在中小学时对理财所知甚少，即使进了大学，这一情况也令人担忧。

新生入校后，对新环境既陌生又好奇，很多学生家长都是把一个学期的生活费一次性给孩子，学生一下子拿着这么多钱又没有父母的督促，缺乏一个统筹性的安排，盲目冲动的消费太多。进校后的一个星期就用掉半年生活费的状况在校园内屡见不鲜。

而大学生小峰呢，进校后，他总是先将每个月的伙食费放在旁边，然后再根据需要添置一些日常用品。电话费是一笔不小的开支，他一般都选择用价格优惠的电话卡打。大学生小海经常关注校园内的招聘广告，利用业余时间打点儿工，如果打工多赚了点儿钱，他就会多买点衣服和自己喜欢的东西。

女孩们可以借鉴他们的做法，当一个理财好手：

1. 学习畅销书《钱不是长在树上》中的一个储蓄基本原则，配置自己的零花钱。可以将钱分成3份，第一份的钱用于购买日常必需品；第二份的钱用于短期储蓄，为购买较为贵重的物品积攒资金；第三份的钱作为长期存款放在银行里。

2. 减少开支。花钱应懂得克制，根据自己的家庭环境来考虑自己的消费水平，并向父母申请一定的日常零花钱。

3. 准备一个理财本，学会定期整理，做到收支平衡。

4. 与父母一起筹划家庭的金钱计划。例如假设家里要过一个重要的节日，怎么在有限的时间内安排，哪些东西是必须买的，哪些东西是次要的，该花多少钱，怎么购买。并自己设计一张预算表，从中引导自己如何规范花钱的方向及适度使用钱财。

5. 平时打工挣钱省下一半来，充抵一部分学业开销及今后上大学、考研等的费用。

钱应用在点子上

如何将钱用在点子上，也需要智慧。花钱不能简单地理解为消费，更不能看成是挥霍，它同时也包含着投资的意思。可以说，从如何花掉一元钱中，都能看出你对金钱的认知态度，反映出你的钱商的一个侧面。

按照泰森自己的说法，经纪人唐·金骗走了自己总收入的三分之一；第二任妻子莫尼卡为了离婚的赡养费几乎把自己榨干；那些和自己各种龃龉官司有关的人，包括律师和受害人，都从他身上捞足了油水。而媒体普遍认为，归根结底，奢华糜烂、挥霍无度的生活，平时出手太过阔绰，才是其迅速破产的重要原因。

拳王泰森有着几亿美元的身家，在鼎盛时期所积累的财富，是一个普通美国人需要工作7600年才能拥有的。但他最后也因为2700万美元的债务不得不申请破产，实在是令人难以置信。泰森在一年时间里光手机费就花了超过23万美元，办生日宴会则花了41万美元。他想到英国去花100万英镑买一辆F1赛车，后来弄明白F1不能开到街道上，只能在赛场跑道里开才作罢，最后把这100万英镑变成了一只钻石金表，可才戴了不到十来天，就随手送给了自己的保镖。甚至动辄有几万、十几万美元的巨额花费，连自己都搞不明白去处。

可见，用不到点儿上，即使你拥有再多的财富，也将流失殆尽。

女孩们也许都做过诸如"给你100万，你怎么去花"的测试题，其实这是对你的钱商的一种检验。有的人觉得这是意外之财，不花白不花，花了也白花，于是就在很短的时间内挥霍一空，最后又变成一文不名的穷光蛋，甚至还因此欠下了债。有人也意识到这是意外之财，但他懂得钱能生钱的道理，重视这个天赐良机，用这100万在不长的时间里又挣了100万，结果将原来的100万归还给别人之后，拥有了自己的100万。这才叫会花钱。

中国人讲"把钱花在刀刃上"，就是如何实现金钱的价值最大化的意思。如今，许多女孩不懂得把钱花在点儿上，跟起了高消费的流行风。

女孩不了解钱的价值，不懂得工作的辛苦，在大人的宠爱下，养成乱花钱的习惯，这有可能会给她们的将来埋下祸根。

而今的中国人生活大为改善，更有一部分家庭进入富有阶层。有了钱，但要懂得节制。中国有句俗话：富不过三代。意指第一代创业，第二代守业，第三代败家。从小在钱堆里长大的女孩，会过度重视物质享受，爱慕虚荣，缺乏刻苦奋发的毅力和精神，在现代社会无情的竞争与太多的诱惑面前，她们极易被淘汰。

女孩们如何把钱用在点子上呢？

1. 无论我们年龄多大，也无论家庭经济条件如何，我们在使用零花钱方面，一定要有所节制，把钱的数额控制在我们有能力支配的范围之内。一般来说，零花钱的数额并没有一个定数，要根据我们的日常消费来预算。这些开支大多包括买零食、午餐费、车费、购买学习用品等费用。

2. 尽量不和同学、朋友攀比，我们应坚持自己的个性。

3. 不盲目买名牌，跟潮流。真正的品位并非外表华贵。

4. 可买可不买的物品，就下定决心不买。

5. 学会精打细算、货比三家。

为自己的将来投资

青少年时期是人生精力最充沛的时期，也是人生财富的重要积累期。当然，压力也接踵而来。上大学、考研、出国留学、结婚、买车买房……因此，一个懂得为自己将来投资的人，他将为以后的生活打下坚实的基础。

几位年轻人从农村来到城市，进入一家印刷厂工作。其中一位年轻人第一天就到一家银行开了一个户头，养成了每月存款400元的习惯。5年后，他工作的印刷厂资金周转出现严重困难，面临立刻倒闭的危险。这个年轻人此时户头上正好有2万元的存款，他立刻取出钱来拯救这家印刷厂，也因此获得了印刷厂2/3的股份。

年轻人入股后，同时也对印刷厂的管理进行了大胆改革。他采取了严密的节约制度，协助这家工厂付清了所有债务，从而走出破产的风险。在他的努力下，这家印刷厂起死回生，生意一天天好起来，最后发展为一家大型的印刷公司。现在，这位年轻人凭借他在公司的股份，一周分到的红利，就比以前自己投入的 2 万元股金还多。

谁也不会想到，这位年轻人的成功，是由每月存几百元而引起的。实际上，有了一定的储蓄，就多了一定的机会，当机会来临时，就有一定的资金来做铺路石引导你成功。

假定一位刚踏入工作岗位的年轻人，从现在开始，每年从薪水中定期存下 14000 元，并且都投资到股票或房地产，因而获得平均每年 20% 的投资回报率，那么 40 年后，他能累积多少财富呢？答案会令人大吃一惊，以财务学和投资学的公式计算出来的正确答案是：1 亿零 281 万！看起来是一个天文数字。当然它的实现有一个重要的条件，即要保证平均每年20% 的投资回报率。但它至少告诉我们一个信息：投资才可能致富。

每个人、每个家庭都有投资的最低资本的均等机会。要改善自己未来的财务状况，首要之务就是立即展开投资的行动。

学会理财投资的人，就像拥有一部钞票复印机。通常有一些人对于富人之所以能够致富，负面的想法是认为他们运气好或从事不正当的行业，较正面的想法会认为他们更努力或克勤克俭。但这些人万万没有想到，真正的原因在于他们的理财习惯不同，理财方式造成了贫富差距。

小余刚进单位的时候每月只有 1000 元的实习补贴，可那时还多少有点结余，现在收入高了 3 倍，反而成了"月光一族"。

经过反思，小余琢磨出了自己没钱的原因：并非收入少所致，根源是个人的理财、消费观念有偏差，以及没有掌握一些必备的理财技巧。可以肯定，她的花销缺乏条理性和计划性，花钱虽然不是大手大脚，但也算不上精打细算。例如，她和朋友经常等到晚上 8 点吃打折的洋快餐，看上去似乎很节俭，但洋快餐即使打到一折，也没有自己做的饭便宜呀！买衣服可能没买名牌，但买衣服的次数多。这样还不如按"少而精"的原则适当购买经典款式、能体现个人风格的较高档服装，从而延长淘汰周期，达到省钱目的。类似的花钱误区还可以找出很多。

小余找到了自己的理财误区，就为自己定了一个规矩：每月必须存上1500元。小余准备考研究生，因此准备攒够自己的学费。

不久，小余的储蓄计划就初见成效。

生活中，女孩如何聚沙成塔，为自己的未来累积一份可观的财富呢？

1. 学习理财。利用业余的时间学习理财的知识，多听听别人的建议或是上网、看电视，都可以从中了解相关的技巧，再归纳成为自己的理财观。

2. 建立目标。做什么事都要有目标，这样才不会迷失方向，而理财也可以为自己设定目标，在花钱时才会有所顾虑。

3. 开始储蓄。每月薪水中的一部分固定存入银行，或是做其他的投资，之后绝不用那笔资产，若干年后即可成为可观的财富。

4. 备用应急款。意外的产生不是个人所能控制的，所以需为临时需要做好打算，才不会手忙脚乱或动用定期存款而损失利息。

5. 勇于投资。大胆尝试高利率的投资渠道，如债券、保险、基金、外汇、股票、期货、房产、金银、收藏等，不要认为麻烦而避之，要有冒险精神和判断力，再加上有效的投资方案，可在短期内增加更多的财富。

6. 开源节流。开源从节流开始，从日常生活中的小细节做起，不但是节俭，更有环保的美德，财富才能达到积沙成塔的效果。

7. 精明消费。适合别人的不见得适合自己，对于精明消费也因不同的收入、生活方式或价值观有所差异，所以，要慎选所需，不要一味跟着流行走。

8. 拓宽财路。打工或做一份兼职，磨炼自己能力的同时，也可以增加更多的收入。

"吝啬"让女孩能存点钱

吝啬，这是一个贬义词，毋庸置疑。然而当我们把"吝啬"加上引号之后，它的词性或许就会发生一点变化。而且不仅是词性变了，有时候，变得"吝啬"还能让女孩多存些钱呢。

如果想要借助于"吝啬"帮助自己多攒钱，那么首先，女孩就需要对自己"吝啬"一点，这也是最主要的。对自己"吝啬"，说起来也容易，可是真的做起来就不那么容易了。说容易，是因为这种方式不牵涉到第二个人，也就是说，只要女孩愿意对自己"吝啬"就已经足够。由于没有第二方，所以这种"吝啬"也就不会给别人带来不快，因此也就容易。

可毕竟女孩要对自己"吝啬"，她的内心恐怕还下不了太大的狠心。因为控制力有限，所以女孩有时候对自己是"吝啬"不起来的。如果过不了自己的这一关，那么要落实在行动上是根本不可能的。

其实，女孩要通过对自己"吝啬"来多存钱，这也不是不可行。只要在尺度上把握得当，实现起来就不那么困难了。比如，对自己"吝啬"可以从零食和衣服上做起。少吃零食与少买几件漂亮衣服就能够省下不少的零用钱。拿吃零食为例，如果女孩觉得困难的话，可以不用对自己太过苛刻，只要在平常的量上稍微减少一点就可以了。比如之前都是一天吃两份冰淇淋，那么从现在开始就改为一天一份吧，而省下来的那一份冰淇淋的钱就可以存起来了。

除了对自己"吝啬"能够多攒点钱以外，对别人"吝啬"也是一个不错的渠道。例如，有的女孩总是喜欢摆阔请别人吃东西，这是一个十分不好的习惯。因为女孩的大多数零用钱还是来自于父母，并不是自己挣来的，用父母的钱请别人吃饭，这好像也不大合理。况且作为一名学生，最需要做好的就是自己的学业，勤学习、多思考、多读书，这些才是学生应该做的事情。

很多女孩把大量的时间花在吃喝玩乐上，这不仅影响了正业，而且还浪费了金钱。因此，少请客、少聚会，这就是我们所讲的对别人"吝啬"。

当然，女孩攒钱的过程中，一定要把真的吝啬与能够帮助女孩多存钱的"吝啬"区分开来。吝啬是人性的弱点，对钱吝啬的人往往一毛不拔，无论是别人有难急需帮助还是平日里向他借一些钱，吝啬的人是绝对不会出手的。因为他们把钱看得比自己的命还重要，更不要谈什么交情与人道了，他们的眼里只有钱，哪怕是一分一毫。

1. 小处吝啬，大处大方

这是"吝啬"一族所倡导的生活理念。也就是说，在生活的细小方面，如买小商品等，我们可以"吝啬"一点，能还价的尽量还价，能节俭的尽量节俭，以这样的方式节省一些开销。可是遇到大事情的时候就不能够再坚持吝啬了，例如有朋友需要帮助向你借钱，这个时候我们就需要发挥感情的优势，向困难者伸出援助之手。

2. 只买对的，不买贵的

这是对于"吝啬"的另一种解释。在日常生活中，价格贵的东西不一定就是最好的。而"吝啬"一族在这方面就做得很好，他们往往能够发现淘宝的乐趣，对于自己喜欢的东西，他们会货比三家，直到找到价格满意、质量又不错的那一件为止。

制订花钱计划，不做购物狂

女孩对人对事有着极强的模仿力，买东西也是如此。看到电视剧中的女主人公在超市疯狂采购，连标价都不看一眼就一股脑儿地往购物车中放，女孩的心中充满了羡慕之情。看到电影中的女主角身着漂亮的衣服走入高档时装店，一件衣服都不试穿，直接就点着让服务员把自己想要的通通打包，女孩向她们投去讶异的目光。

看在眼里，记在心里，女孩也想要如同影视剧中的人物那样做一个购物狂。于是，在某日，当父母带着她到超市采购的时候，她也会不看标签地将大堆的东西潇洒地扔在购物车中。

在家庭教育中，当父母遇到诸如此类的问题时，一定要采取比较缓和而且让孩子容易接受的方式来引导她，帮她纠正错误的观念和言行。就小小的"购物狂"来说，父母也应该仔细地盘算一下，应该采用怎样合理的方式来教导女儿。

李燕有一个幸福的家，父母都是公务员，家里的经济条件也不差，是中等收入的家庭。因为父母教导有方，今年13岁的李燕落落大方，是一个很懂事、非常招人喜爱的小姑娘。

李燕的父母从小就培养她料理自己生活的能力，包括在用钱方面。每次当李燕得了压岁钱之后，父母都会建议她把这些钱的大部分存在银行，这样等她上大学之后就可以拿出来作为学费使用。而剩余的小部分，则可以作为她平日里的零花钱。

李燕的父母为李燕所制订的是一个长远的用钱计划，那就是把压岁钱存起来作为将来上大学的学费，这不失为一个好的方法。在花钱方面，父母需要与女孩一同商议，制订一个双方都认同的计划。

现在的家庭中，几乎所有的父母都会给女孩一些零用钱。按天给、按周给、按月给……无论按照什么期限给女孩零花钱，女孩们都不能在拿到钱的时候去做一个小购物狂，过了几天又伸手向父母要钱。

女孩要学会成为一个有条理的人。乱花钱的女孩往往在生活自理方面都是一团糟，她们搞不清今天的作业有哪些，不知道自己的衣服放在哪里，更不用说兜里的钱了。因此，让女孩制订花钱计划，这不仅能够提高她的理财能力，而且也能够加强她在其他方面做事的条理性。

杜绝盲目消费，给女孩讲讲"性价比"

说到盲目消费，不由得让人联想到超市里的廉价促销活动。"跳楼价"、"国庆特价"……广告牌上赫然挺立着大大的数字，引来消费者疯狂地抢购。可是等到买了之后才发现，刚刚拼了命才拿到手的东西似乎自己根本就用不着。

这是很多人都有过的经历，被广告诱惑，盲目消费，似乎在购买之前都没有时间仔细考虑清楚自己真正需要什么，就害怕考虑完了东西也被其他人一抢而光。

某些女孩在买东西的时候也不管不顾，不管便宜还是昂贵，只要自己喜欢，就一定要买到手。

其实，相同的东西，比如两款不同品牌的电脑，它们有着相近的性能，可是一个价格高一点，另一个则价格低一点。为了节约用钱，同时也不失其功能，我们宁可选择价格低但是功能却不差的那一个牌子，这台电脑的性价比就比较高。

女孩清楚这个道理以后，在今后挑选商品的时候也会想起"性价比"。例如女孩想要买一个文具盒，同样是盛装文具用，一个要30元，而另一个质量不差的却只需要10元。女孩就知道自己应该选择10元的那个文具盒，而不是多花20元去选择那款贵的。

在购买物品之前，女孩们一定要想清楚自己所要买的东西究竟有什么用，买回来之后是否能发挥很好的作用，而不是当"废品"一样地摆在家里，尤其是对于价格较为昂贵的东西。

1. 在买东西前先考虑5分钟

5分钟已经足够一个女孩子去理性地思考她究竟需不需要眼前的物品了：第一分钟想一想自己有没有同类的东西，第二分钟想想如果没有，那么这件东西对我有什么意义，如果有意义，那么第三分钟就应该考虑这家的是不是质量又好价格又优，如果是，那么女孩还需要花上一分钟来想想自己这个月的零用钱还够不够买，如果超支，就需要慎重考虑了。最后，等到女孩考虑成熟的时候，再花最后一分钟来想想自己父母赚钱的不易。

2. 要学会"货比三家"

事实上，很多女孩因为懒惰，在看到一件自己喜欢的东西时，就想要立马把它买下来，而不去考虑是不是同样的东西在别家会便宜许多。当她买了之后，才发现原来就在隔壁，她所买的物品要便宜一半多。因此，父母要培养孩子这种对比的意识，不然怎么知道哪样东西性价比高呢？

慷慨做人，不当小气的女孩

慷慨是一种可以培养的品质与能力，当一个女孩有足够的能力以及宽大的心胸时，慷慨自然而然地就存在于她的品格之中。慷慨不仅能够给受到帮助的人带来快乐，而且施与者也同样会感受到欣慰和愉快。

有一个孩子坐在路边的一堆金子上面，他伸出双手，好像在向路人乞求着什么。这个时候刚好一位神仙路过，问孩子："小孩儿，你有这么多的金子还需要什么呢？"孩子说："我虽然有金子，可是我不快乐，我想要亲情、友情。"于是，神仙送给了孩子这几样感情。

一个月后，神仙又从这里经过，依旧看到孩子摊开双手乞求着。他问："孩子啊，我已经把那么多你想要的东西给你了，你还没有满足吗？"孩子答："我一点满足感都没有，我还想要成功和荣誉。"神仙听后又把这两样东西给了他。

又过了一个月，神仙经过这里，孩子照样伸着双手。孩子对神仙说："唉，虽然我拥有很多东西，可是我就是没有满足感。"神仙听后语重心长地对孩子说："那么你应该学着付出啊！"

果然，当神仙在一个月后再次经过这里时，他看到小孩儿正在把自己的金子送给穷苦的人们，孩子的脸上露出了甜美的笑容。他对神仙说：

"原来满足感藏在付出的怀抱里啊。当我一味地乞求时，虽然得到了很多，却没有感到满足。可是当我付出的时候，我为我自己的行为而感到骄傲。"

想要做一个吝啬与小气的人，那很容易，在别人向你寻求帮助的时候，你只需要不闻不问、不管不顾就可以了。可是要想做一个慷慨的女孩，那就不是一件简单的事情了。因为慷慨是一种人生态度，在于平日的修养与学识，更在于家庭的培育。一个慷慨的女孩，她会受到来自各方的欢迎，无论是同学还是亲人。

生活中只要保持一颗慷慨之心，那么无论你付出了多少，都会受到他人的赞扬。

不是所有人都是慷慨的，因为慷慨是一种能力。假如一个女孩连自己的生活都料理不好，那么她又如何有剩余的精力来帮助别人呢？因此，女孩应该有意识地培养自己的能力，因为只有足够的能力才能够在女孩的心中孕育出慷慨的精神。